改訂版

宇宙一
わかりやすい

高校

物理

力学・波動

別冊

問題集

変位と速度と加速度

確認問題 **1** 1-1，1-2 に対応

次の物体の運動を表す $v\text{-}t$ グラフを $t = 0\,\text{s} \sim 5.0\,\text{s}$ の間でかきなさい。

（1）静止している物体が加速度 $2.0\,\text{m/s}^2$ で，5.0秒間運動した。

（2）初速度 $4.0\,\text{m/s}$ で運動している物体に最初の2.0秒間は加速度 $3.0\,\text{m/s}^2$ を与え，その後3.0秒間は加速度を与えず運動させた。

（3）初速度 $12\,\text{m/s}$ で運動している物体に，進行方向と逆向きに加速度 $4.0\,\text{m/s}^2$ を5.0秒間与えた。

- -

$v\text{-}t$ グラフにおいて，初速度は v 軸の切片，加速度はグラフの傾きになります。運動の様子を与えられたら，$v\text{-}t$ グラフで図示できるようにしましょう。

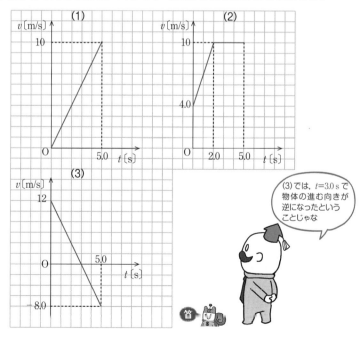

（3）では，$t=3.0\,\text{s}$ で物体の進む向きが逆になったということじゃな

確認問題　2　1-1, 1-2 に対応

物体が図1のようにx軸上を運動しており，その速度と時間の関係は図2のように表される。時刻$t = 0$ sで物体は$x = 0$ mの位置にあるとし，以下の問いに答えよ。

(1) 時刻0 s$\leqq t \leqq 2.0$ sにおける加速度を求めよ。

(2) 時刻$t = 6.0$ sにおける物体の位置を求めよ。

(3) 時刻$t = 8.0$ sにおける物体の位置を求めよ。

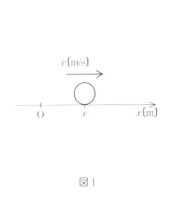

図 1

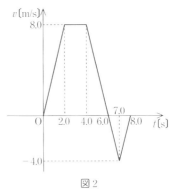

図 2

・・・

解説

(1) 加速度は「1秒間でどれだけ速度が変化するか」を表すもので，v-tグラフでは，グラフの傾きが加速度にあたるということでしたね。

よって，グラフから傾きを読み取れば

$$8.0 \div 2.0 = \underline{4.0 \text{ m/s}^2}　\text{答}$$

(2) $t = 0$ sから$t = 6.0$ sまでの変位を求めればよいですね。

v-tグラフでは，グラフが囲む面積が移動距離を表すので，

$t = 0$ sから$t = 6.0$ sまでのグラフの面積（台形）を求めれば

$$(2.0 + 6.0) \times 8.0 \times \frac{1}{2} = 32 \text{ m}$$

よって，求める物体の位置は　$x = 32 \text{ m}$　答

計算でも求められますが，グラフの面積を利用したほうが断然早いですね。

(3) (2)と同様の問題ですが，$t = 6.0$ sから$t = 8.0$ sまでは速度が負であることに注意が必要です。

速度が負ということは，物体が逆戻りしているということですから，$t = 6.0$ s から 8.0 s までは x 軸の負の方向に進んでいるので

$$32 - \underbrace{2.0 \times 4.0 \times \frac{1}{2}}_{t=6\sim8\,[\text{s}]\,\text{の面積}} = 28 \text{ m}$$

よって　$\underline{x = 28 \text{ m}}$ 答

確認問題 3　1-3 に対応

等加速度運動の公式を利用して，次の問いに答えよ。ただし，（1），（2）は物体が最初に進行している方向を正の方向とする。

(1)　$t = 0$ s において 3.0 m/s で運動している物体に，進行方向と同じ向きに加速度 2.0 m/s^2 を与えた。$t = 7.0$ s における物体の速度と変位を求めよ。

(2)　$t = 0$ s において 10 m/s で運動している物体に，進行方向と逆向きに加速度 4.0 m/s^2 を与えた。$t = 5.0$ s における物体の速度と変位を求めよ。

(3)　6.0 m/s で進んでいる物体に，進行方向と同じ向きにある大きさの加速度を与えた。加速度を与え続けて 8.0 m 進んだときに，物体の速度は 10 m/s になった。与えた加速度の大きさを求めよ。

・・・

解説

(1)や(2)は v-t グラフをかいてしまえば求めることもできるのですが，ここでは

$$v = v_0 + at$$

$$x = v_0 t + \frac{1}{2}at^2$$

$$v^2 - v_0^2 = 2ax$$

を使って，等加速度運動の公式に慣れていきましょう。

(1)　$v_0 = 3.0$ m/s, $a = 2.0$ m/s^2, $t = 7.0$ s として，速度と変位の公式を使いましょう。

$$v = \underbrace{3.0}_{v_0} + \underbrace{2.0 \times 7.0}_{at} = \underline{17 \text{ m/s}} \text{ 答}$$

$$x = \underbrace{3.0 \times 7.0}_{v_0 t} + \underbrace{\frac{1}{2} \times 2.0 \times 7.0^2}_{\frac{1}{2}at^2} = \underline{70 \text{ m}} \text{ 答}$$

(2) 「進行方向と逆向きに加速度を与えた」といっているので，a を負の値にすることを忘れないようにしてください。$v_0 = 10$ m/s, $a = -4.0$ m/s², $t = 5.0$ s として，速度と変位の公式を使いましょう。

$$v = \underset{v_0}{10} + \underset{at}{(-4.0) \times 5.0} = \underline{-10 \text{ m/s}}　\text{答}$$

$$x = \underset{v_0 t}{10 \times 5.0} + \underset{\frac{1}{2}at^2}{\frac{1}{2} \times (-4.0) \times 5.0^2} = \underline{0 \text{ m}}　\text{答}$$

(3) t が与えられていないので，$v^2 - v_0^2 = 2ax$ の公式を利用しましょう。
$v_0 = 6.0$ m/s, $v = 10$ m/s, $x = 8.0$ m です。

$$\underset{v^2 - v_0^2}{10^2 - 6.0^2} = \underset{2ax}{2a \times 8.0}$$

$$64 = 16a \qquad a = \underline{4.0 \text{ m/s}^2}　\text{答}$$

確認問題 4　**1-3，1-4 に対応**

高さ 73.5 m のビルの屋上から，地上に向かって速さ 9.80 m/s で物体を投げ下ろした。重力加速度の大きさを 9.80 m/s² として，以下の問いに答えよ。

(1) 地上に物体が到達するのは，物体を投げ下ろしてから何秒後か。

(2) 地上に到達したときの物体の速さは何 m/s か。

解説

これは「初速度 9.80 m/s の鉛直投げ下ろし運動」と考えられますね。
本冊の p.38 とは違って，座標軸の向きを下向きに設定しましょう。

(1) 求めたいのは時間ですから，3つの公式のうち，t が含まれている

　「$v = v_0 + at$」か「$x = v_0 t + \dfrac{1}{2} at^2$」

のどちらかを使えばよいですね。
ところが，v の値はまだわかりませんから，前者の式は使えません。

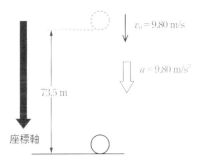

よって，求める時間を t 〔s〕として，後者の式を使いましょう。

$$\underset{x}{73.5} = \underset{v_0}{9.80t} + \frac{1}{2} \times \underset{a}{9.80} \times t^2 \quad \longleftarrow \quad x = v_0 t + \frac{1}{2} a t^2$$

$$4.90t^2 + 9.80t - 73.5 = 0$$

$$(t - 3.00)(t + 5.00) = 0 \longleftarrow \text{両辺を4.90で割った}$$

ゆえに，$t = 3.00$（$t > 0$ なので $t = -5.00$ は不適です）

よって，地上に物体が到達するのは **3秒後** 答

(2) 求めるのは「$t = 3.00$ s における物体の速さ」と考えられるので，
求める速さを v とすれば

$$v = \underset{v_0 + at}{9.80 + 9.80 \times 3.00}$$

$$= \underline{39.2 \ \text{m/s}} \ \text{答}$$

> 本冊 p.38 は投げ上げだから上向きを座標軸の正方向としたが今回は鉛直投げ下ろしだから，下向きが正なんじゃ

確認問題 5 **1-5 に対応**

高さ490 mのビルの屋上から，水平方向に6.0 m/sの速さで物体を投げた。重力加速度の大きさを $9.8 \ \text{m/s}^2$ として，以下の問いに答えよ。

(1) 物体が地上に到達するのは，物体を投げてから何秒後か。

(2) 物体は，ビルから何m離れた地点に落下するか。

解説

放物運動は「水平方向」と「鉛直方向」に分解して考えるのでしたね。
この問題では，鉛直方向は「自由落下（加速度 $g = 9.8 \ \text{m/s}^2$ の等加速度運動）」，水平方向は「初速度6.0 m/sの等速度運動」になります。

(1) t 秒後に地上に到達するとします。鉛直方向の自由落下を考えれば

$$\underset{x = \frac{1}{2}gt^2}{490 = \frac{1}{2} \times 9.8 \times t^2}$$

$$t^2 = 100$$

$$t = 10 \ \text{s} \quad (t > 0)$$

よって，**10秒後** 答

> 2方向に分けて考えれば簡単だね

(2) 問われているのは,要は「10秒経過後,物体は水平方向にどれだけ進んだか」
ということですよね。

水平方向の速度は6.0 m/sで一定なので

$$6.0 \times 10 = 60 \text{ m}$$

物体はビルから60 m離れた地点に落下する 答

 確認問題 6 1-5 に対応

物体を地上から初速度196 m/sで,斜め方向に発射した。水平な地面と発射方向
のなす角は30°だった。以下の問いに答えよ。ただし,重力加速度の大きさは
9.8 m/s²,$\sqrt{3} = 1.7$とする。

(1) 物体の到達する最高点の高さは,地上から何mか。

(2) 物体は何秒後に地上に落ちるか。

(3) 物体は,発射した位置から何m離れた位置に落ちるか。

・・・・・・・・・・・・・・・・・・・・・・・・・・・・・・・・・・・・・・・

解説

物体を地面から30°の方向に発射した放物運動です。水平方向と,鉛直方向に分
けて考えましょう。

水平方向には加速度がはたらかないので,初速度($196 \times \cos30°$) m/sの等速度運動
です。

鉛直方向は重力加速度を考えなければいけません。

上向きを正方向とすると,初速度($196 \times \sin30°$) m/s,加速度が-9.8 m/s²の等
加速度運動です。

(1) 最高点では$v = 0$です。まず最高点に達するまでの時間を求めましょう。

$v = v_0 + at$でaを-9.8 m/s²として考えます。

$$0 = \underbrace{196 \times \sin30°}_{v_0} + \underbrace{(-9.8)\,t}_{at}$$

$$0 = 98 - 9.8t$$

$$t = 10 \text{ s}$$

よって,10秒後に最高点に到達するので$x = v_0 t + \dfrac{1}{2}at^2$の$a$を$-9.8$ m/s²に
して到達距離を求めます(高さなのでxではなくyにします)。

$$y = \underbrace{196 \times \sin30° \times 10}_{v_0 t} + \underbrace{\frac{1}{2} \times (-9.8) \times 10^2}_{\frac{1}{2}at^2}$$

$$= 980 - 490 = \underline{490 \ m} \ \text{答}$$

[別解]

$v^2 - v_0^2 = 2ax$ で $v = 0$, $v_0 = 196 \times \sin30°$, $a = -9.8$, $x = y$ として

$$0^2 - (196 \times \sin30°)^2 = 2 \times (-9.8) \times y$$

$$y = \underline{490 \ m} \ \text{答}$$

(2) 最高点に到達したのが10秒後なので，運動の対称性から地面に落ちるのは

20秒後 答

補足
$$y = \underbrace{196 \times \sin30° \times t}_{v_0 t} + \underbrace{\frac{1}{2} \times (-9.8) \times t^2}_{\frac{1}{2}at^2}$$

$$= 98t - 4.9t^2$$

地面は $y = 0$ なので，0 を代入して解いて　$t = 0, \ 20$

$t = 0$ は不適だから　$t = \underline{20 \ s}$ 答

としてもいいですが，対称性から求めるほうがラクでいいと思います。

(3) 水平方向に関しては，発射してから落ちるまで，常に等速で動いています。

20秒後に落ちるので

$$x = \underbrace{196 \times \cos30° \times 20}_{v_0 t} = \underline{3332 \ m} \ \text{答}$$

確認問題 **7**　1-6 に対応

自動車Aと自動車Bが，同方向にそれぞれ速度 20 m/s，26 m/s で一直線上を走行している。$t = 0$ s で，2台の車間距離は 42 m であり，Aのほうが前を走っている。以下の問いに答えよ。

(1) 自動車Aに対する自動車Bの速度を求めよ。

(2) 両方の車がそれぞれの速度を保ったまま走行し続けたとする。2台の車が衝突するときの時刻 t を求めよ。

解説

(1)「Aに対するBの速度」ということは，「Aから見たBの速度」ということなので，Aの立場に自分を置いて，自分の速度を引きましょう。

求める相対速度は，Bの速度からAの速度を引けばよいので

$$26 - 20 = \underline{6.0 \text{ m/s}}\text{ 答}$$

(2) Aから見ると，Bは6.0 m/sで走行しているので，

自動車Bは1秒間で6.0 mのペースでAに近づきます。

$t = 0$ sでの車間距離が42 mなので，衝突するのは

$$42 \div 6.0 = 7.0 \text{ s}$$

よって　$\underline{t = 7.0 \text{ s}}$　答

Chapter 2 力のつり合い

確認問題 8　2-1，2-2，2-3に対応

右図のように，床の上に置かれた質量m_2の物体Bに重ねて，質量m_1の物体Aが置かれており，物体Aには上から力Fが加えられている。重力加速度をgとして，物体Aが物体Bから受ける力N_A，物体Bが床から受ける力N_Bをそれぞれ求めよ。

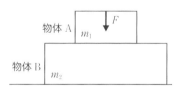

物体A　m_1　F

物体B　m_2

解説

まずは，それぞれの物体にはたらく力をかき出していきましょう。

物体Aにはたらくのは重力，力F，それから物体Bから受ける力N_Aですね。

物体Bにはたらくのは重力と床から受ける力N_B，そして，作用・反作用の法則により，N_Aもはたらきますね。

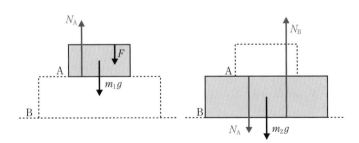

[A にはたらく力]　　　　　　　　[B にはたらく力]

この図を参考にして，力のつり合いの式を立てると

　　　物体Aの力のつり合い：$F + m_1 g = N_A$　……①

　　　物体Bの力のつり合い：$N_A + m_2 g = N_B$　……②

①式を②式に代入すると

　　　$N_B = F + m_1 g + m_2 g = F + (m_1 + m_2)\,g$

以上より　$\underline{N_A = F + m_1 g,\ \ N_B = F + (m_1 + m_2)\,g}$ 答

確認問題 **9** 2-4 に対応

右図のように，質量mの荷物が2つの力F_A，F_Bで持
ち上げられて静止している。F_A，F_Bの大きさをそれ
ぞれ求めよ。ただし，重力加速度をgとする。

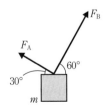

 解説

荷物にはたらく力の関係を簡単に表せば右図
のようになります。

力を水平方向と鉛直方向に分解すれば，力の
つり合いの式を立てられますね。

　　　水平方向の力のつり合い：

　　　　$\underset{\frac{\sqrt{3}}{2} F_A}{\underline{F_A \cos 30°}} = \underset{\frac{1}{2} F_B}{\underline{F_B \cos 60°}}$　……①

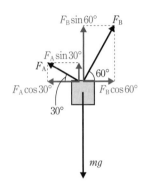

鉛直方向の力のつり合い：

$$F_A\sin30° + F_B\sin60° = mg \quad \cdots\cdots ②$$

$$\underset{\frac{1}{2}F_A}{\underbrace{\qquad}} \quad \underset{\frac{\sqrt{3}}{2}F_B}{\underbrace{\qquad}}$$

①式より　$F_B = \sqrt{3}F_A$

これを②式に代入して

$$\frac{1}{2}F_A + \frac{\sqrt{3}}{2} \times \sqrt{3}F_A = mg$$

$$2F_A = mg$$

よって　$F_A = \dfrac{1}{2}mg,\ F_B = \dfrac{\sqrt{3}}{2}mg$ **答**

確認問題 10 2-5 に対応

ばね定数の値がそれぞれ $k,\ 2k$ の2本のばねがある。これらを以下のように接続したときの合成ばね定数の値をそれぞれ求めよ。

(1) 並列

(2) 直列

‥‥‥‥‥‥‥‥‥‥‥‥‥‥‥‥‥‥‥‥‥‥‥‥‥

 解説

(1) ばねが並列につながれているときの合成ばね定数は $K = k_1 + k_2 + \cdots$ と，各ばね定数の和で表されるのでした。よって，求める合成ばね定数は

$$K = k + 2k = \underline{3k}\ 答$$

(2) 直列につながれているときの合成ばね定数は

$$\frac{1}{K} = \frac{1}{k_1} + \frac{1}{k_2} + \cdots$$ と，各ばね定数の逆数の和で表されるのでした。よって，求める合成ばね定数は

$$\frac{1}{K} = \frac{1}{k} + \frac{1}{2k} = \frac{3}{2k}$$

$$K = \underline{\frac{2}{3}k}\ 答$$

並列の場合と直列の場合の違いを覚えておくんしゃぞ

確認問題 **11** 2-6, 2-7 に対応

右図のように，底面積S，高さℓの円筒状の物体が，$\frac{1}{4}\ell$だけ水面から出た状態で静止している。物体の密度をρ，重力加速度をgとして，水の密度ρ_0を求めよ。

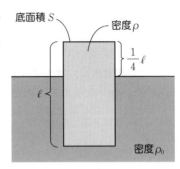

底面積S

密度ρ

$\frac{1}{4}\ell$

ℓ

密度ρ_0

解説

力のつり合いの式から，水の密度を求めていきましょう。

物体には重力と浮力がはたらいています。

物体の質量が与えられていないので，密度を使って質量を表すと，「質量＝密度×体積」ですから，質量は「$\rho \times S\ell$」となりますね。

よって，物体にはたらく重力は$\rho S\ell g$です。

また，物体のうち，水の中に入っている部分の体積は$\frac{3}{4}S\ell$であることに注意すると，浮力は$\rho_0 \times \frac{3}{4}S\ell \times g$となります。

力のつり合いの式を立てると

$$\rho_0 \times \frac{3}{4}S\ell \times g = \rho S\ell g$$

これより　$\rho_0 = \frac{4}{3}\rho$　答

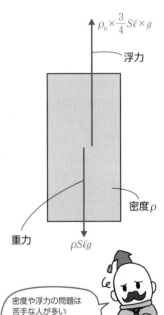

$\rho_0 \times \frac{3}{4}S\ell \times g$

浮力

密度ρ

重力　　$\rho S\ell g$

密度や浮力の問題は苦手な人が多い本冊も読んで，しっかり理解するんじゃぞ

確認問題 **12** 2-8 に対応

摩擦のある板上に質量 m の物体が置いて
ある。この板をゆっくりと傾けていった
ところ，右図のように，板と地面のなす
角が α のときに，物体は板上をすべり始
めた。$\tan\alpha$ を求めよ。重力加速度を g,
板と物体の間の静止摩擦係数を μ とする。

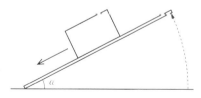

 解説

角度が α のときに物体がすべり落ち始めたと
いうことは，角度が α になった瞬間に，物体
にはたらく摩擦力が最大摩擦力になっている
ということです。

本冊 p.80 で説明した通り，角度 α の斜面上に
ある物体にはたらく垂直抗力は，物体にはた
らく重力の斜面に垂直な方向とのつり合いか
ら $mg\cos\alpha$ です。また，そのとき物体にはた
らく重力の斜面に対して平行方向の成分は
$mg\sin\alpha$ ですね。

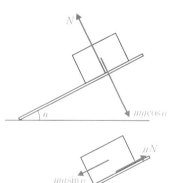

よって，角度が α になった瞬間に，最大摩擦
力がはたらいた場合，物体の斜面に対して平
行方向の力のつり合いは

$$mg\sin\alpha = \mu mg\cos\alpha$$

となります。両辺を $mg\cos\alpha$ で割れば

$$\tan\alpha = \mu \quad \text{答}$$

力のモーメント

確認問題 13 3-1, 3-2 に対応

右図のように，底辺の長さが4ℓ，高さが2ℓである質量mの直方体が，水平面との傾きθの斜面上に置かれている。点Aのまわりの反時計回りのモーメントを求めよ。ただし，垂直抗力をN，静止摩擦力をf，右図のABの長さをx，重力加速度をgとし，N，fの作用点は点Bであるとし，解答には$\sin\theta$，$\cos\theta$を用いるものとする。

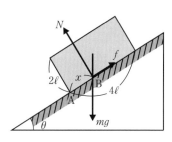

直方体の問題では力を移動させる解法がオススメです。直方体にはたらく力は重力と摩擦力と垂直抗力です。

本問ではうでの長さを辺の一部と考えるので，力は斜面に平行な方向とそれに垂直な方向の2方向に分けたほうが，モーメントを考えやすくなります。よって，重力を下図1のように，分解します。

そして力を移動させますが，摩擦力fは回転に関係しないので，削除してしまいます。こうしてできたのが，下図2です。

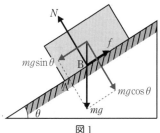

図1

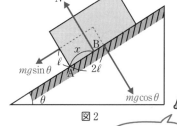

図2

手順通りにやれば、難しくないね

点Aのまわりの反時計回りのモーメントは

$$N \cdot x + mg\sin\theta \cdot \ell - mg\cos\theta \cdot 2\ell$$
$$= Nx + mg\ell(\sin\theta - 2\cos\theta) \quad \boxed{答}$$

ちなみに，問題文のただし書きにあった「垂直抗力Nと摩擦力fの作用点が，重力の作用線と底辺の交点Bとなる」というのは，覚えておきましょう。

確認問題 14 3-3 に対応

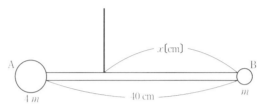

上図のように，ひもで吊るされた長さ40 cmの軽い棒の両端に，質量$4m$の物体Aと質量mの物体Bがそれぞれ取りつけられている。このとき，棒は水平であった。ひもの位置から物体Bまでの距離x〔cm〕を求めよ。

● ●

解 説

棒は回転していないので，棒に関するモーメントはつり合っています。
棒にはたらく力は物体A，Bにかかる重力と，糸から受ける張力です。
物体A，Bにかかる重力はわかりますが，張力はわからないので，糸の位置を支点としたモーメントを考えましょう（棒の質量は「軽い棒」といっているので無視してよいです）。

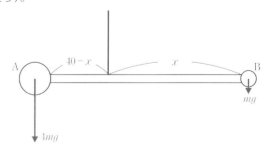

糸の位置を支点とした力のモーメントのつり合いは，重力加速度をgとして上図より

$$4mg \cdot (40 - x) = mg \cdot x$$

これを解いて　$\underline{x = 32 \text{ cm}}$ **答**

粗い床の上に質量の無視できる長さ ℓ の棒を立て
て，右図のように先端を糸で結んだ。床からの長さ
が x のところに，水平右向きに力を加えたところ，
加えた力がある大きさになったとき，棒が床に対し
てすべった。

このときの x の大きさを求めよ。ただし，棒と床と
の静止摩擦係数を μ とし，糸と棒がなす角は$30°$で
あるとする。

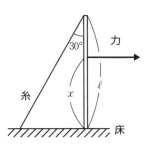

 解説

剛体の問題ですから，力のつり合いの式と，力のモーメントの式を立てます。
横向きに加えた力が大きくなったときに，棒が床に対してすべったのですから，
これは最大摩擦力がはたらいた瞬間と考えましょう。つまり棒には加えた力の逆
向きに最大摩擦力 μN がはたらいたということです。

床からの垂直抗力を N，糸から受ける張力を
T，棒に加えられた力を F とすると，棒が床
に対してすべった瞬間の棒にはたらく力は右
図のようになります。

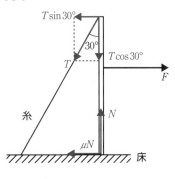

水平方向と鉛直方向で力のつり合いの式を立
てると

　　　水平方向：$F = T\sin30° + \mu N$ 　……①
　　　鉛直方向：$N = T\cos30°$ 　　　　……②

力のモーメントのつり合いの式を，棒と床の
接地点を支点として立てると

　　　$Fx = T\sin30° \cdot \ell$ 　　　　　……③

②式を①式に代入して

　　　$F = T\sin30° + \mu T\cos30°$

　　　　$= \dfrac{T + \sqrt{3}\,\mu T}{2}$ 　　　　……④

③式より

$$x = \frac{\ell T}{2F}$$

④式を代入して

$$x = \frac{\ell T}{T + \sqrt{3}\mu T} = \frac{\ell}{1 + \sqrt{3}\mu}$$ 答

確認問題 16 3-4 に対応

半径12 cmの円に，半径6 cmの円形の穴が空いている物体がある。右図のように座標をとったとき，この物体の重心の座標を求めよ。

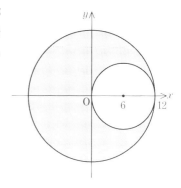

 解説

このような図形に対しては「マイナスの質量」の考えかたが有効です。

半径12 cmの円の面積は144π cm²，半径6 cmの円の面積は36π cm²なので，2つの円の面積比は4：1，よって質量比も4：1です。

半径6 cmの円はマイナスの質量であることを考慮すると，

2つの円の質量はそれぞれ$4m$と$-m$になりますね。

2つの円の重心座標はそれぞれ $(0,\ 0)$，$(6,\ 0)$ です。

重心のy座標は明らかに0ですから，x座標のみを求めれば

$$x_G = \frac{4m \times 0 + (-m) \times 6}{4m + (-m)} = -2$$

よって，重心の座標は $\underline{(-2,\ 0)}$ 答

Chapter 4 運動方程式

4-1，4-2 に対応

右図のように，地面と角θをなす斜面上に，質量mの物体を置いたところ，物体は等加速度で斜面をすべった。斜面の動摩擦係数をμ′，重力加速度をgとして，物体の加速度aを求めよ。ただし，斜面下向きを正とする。

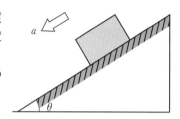

1つ1つステップを踏んで運動方程式を立て，加速度を求めましょう。

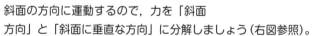

①着目する物体を決める。

　着目する物体は明らかですね。

②物体にはたらく力をかき出す。

　力は右図のようになります。

③力を運動方向とそれに垂直な方向に分解する。

　斜面の方向に運動するので，力を「斜面方向」と「斜面に垂直な方向」に分解しましょう（右図参照）。

④正の方向を決め，$F=ma$に代入する（垂直方向については力のつり合い）。

　斜面下向きを正として運動方程式と力のつり合いの式を立てましょう。

　　　力のつり合い：$N=mg\cos\theta$　　……①

　　　運動方程式：$mg\sin\theta-\mu'N=ma$　　……②

①式を②式に代入すれば

　　　$mg\sin\theta-\mu'mg\cos\theta=ma$　　……③

③式の両辺をmで割れば

　　　$a=g(\sin\theta-\mu'\cos\theta)$

> 斜面が出てきたら，斜面方向に対して平行な方向と垂直な方向に分解じゃ

確認問題 18　4-2, 4-4 に対応

質量mの物体Aと質量$2m$の物体Bが右図の
ように糸でつながれている。物体Bから手を
はなすと、2物体は加速し始めた。物体Aと
床との動摩擦係数をμ'、重力加速度をgとし、
2物体の加速度の大きさaを表せ。

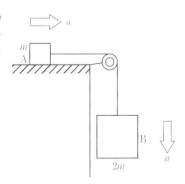

解説

それぞれの物体について運動方程式を立てましょう。

物体A、Bにはたらく力をかき出せば下図のようになりますね。

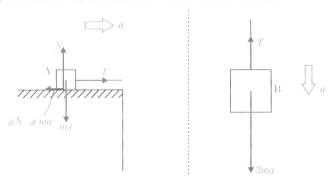

物体Aは右に、物体Bは下に加速していき、両物体の加速度の大きさは等しくな
ります。

物体Aについては、鉛直方向は、力のつり合いが成り立ち、$N = mg$です。

物体Aについての運動方程式は、右向きを正として

$$T - \mu'mg = ma \quad \cdots\cdots ①$$

物体Bについての運動方程式は、下向きを正として

$$2mg - T = 2ma \quad \cdots\cdots ②$$

加速度の向きを変えていることに違和感を覚えるかもしれませんが，
aは加速度の「大きさ」なので，向きを変えても問題ありません。
aをμ'とgで表せということなので，①式と②式を足してTを消去すると

$$2mg - \mu'mg = 3ma \quad \cdots\cdots③$$

③式の両辺を$3m$で割って　$\underline{a = \dfrac{2 - \mu'}{3}g}$ 答

確認問題 19 **4-3，4-4 に対応**

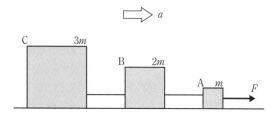

上図のように，質量がそれぞれm，$2m$，$3m$の3つの物体A，B，Cが質量の無視できる糸でつながれて，滑らかな床の上に一直線上に並んでいる。物体Aを力Fで引っ張ったところ，3物体は加速度aで運動を始めた。aを求めよ。

・・

各物体について，はたらく力をかき出して運動方程式を立てて…とやっても解けますが，この3物体は質量の無視できる糸でつながれていますから，物体の一体化が適用できますね。

そうすると，3物体は質量$6m$の1つの物体とみなせるので，一体化したときの運動方程式は

一体化するとラクに解けるね
一体化していい条件を復習しておこう！

$$F = 6ma$$

これより　$\underline{a = \dfrac{F}{6m}}$ 答

確認問題 **20** 4-4 に対応

定滑車と質量の無視できる動滑車についての以下の問いに答えよ。

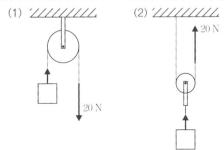

(1) 定滑車でつながれた糸を 20 N で引っ張るとき，物体には何 N の力がはたらくか。また，物体を 1.0 m 持ち上げたいときには，何 m 糸を引っ張ればよいか。

(2) 同じく，動滑車でつながれた糸を 20 N で引っ張るとき，物体には何 N の力がはたらくか。また，物体を 1.0 m 持ち上げたいときには，何 m 糸を引っ張ればよいか。

 解説

(1) 定滑車の場合，糸を引っ張る力の大きさと引っ張る距離は，物体にはたらく力と物体が移動する距離に等しくなります。
よって，**物体にはたらく力は 20 N で，1.0 m 糸を引っ張ればよい**

(2) 動滑車の場合，糸を引っ張る力の 2 倍の大きさの力が物体にはたらき，また，糸を引っ張った距離の半分の距離だけ，物体は移動します。
よって，**物体にはたらく力は 20 × 2 = 40 N で，2.0 m 糸を引っ張ればよい**

滑車については中学校のときも教わったじゃろ？
しっかり覚えておくんしゃぞ

Chapter 5 仕事とエネルギー

5-1 に対応

質量10 kgの物体を，定滑車，または質量の無視できる動滑車を使ってゆっくりと0.50 m持ち上げた。このときの仕事を

(1) 定滑車を使った場合

(2) 動滑車を使った場合

のそれぞれについて求めよ。重力加速度の大きさは9.8 m/s²とする。

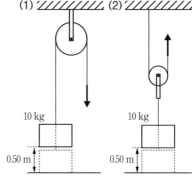

(1) 10 kg 0.50 m

(2) 10 kg 0.50 m

解説

(1) 物体にはたらく重力は $10 \times 9.8 = 98$ N です。

この物体を「ゆっくりと」持ち上げたということは，加速させずに持ち上げたということなので，糸の張力と重力は常につり合っています。

よって，物体にはたらく張力 T は $T = 98$ N となりますね。

定滑車の場合，物体を持ち上げる力は張力と等しくなりますから，持ち上げる力も98 Nです。

よって，このときの仕事は $98 \times 0.50 = \underline{49 \text{ J}}$ 答

(2) 動滑車の場合，糸にはたらく力は $98 \div 2 = 49$ N と，定滑車のときの半分になるのでしたね。

しかし，動滑車のときは，物体を0.50 m持ち上げるには，糸をその2倍の1.0 mだけ引っ張らないといけないのでした。

そうすると，「49 Nの力で1.0 m引っ張った」ということなので，このときの仕事は $49 \times 1.0 = \underline{49 \text{ J}}$ 答

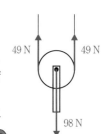

49 N　49 N

98 N

（1）も（2）も同じ結果でしたね。定滑車でも動滑車でも，同じ距離だけ物体を持ち上げた場合は，した仕事が等しくなるのです。

確認問題 22 5-2 に対応

次の問い（1）〜（3）に答えよ。

(1) 地上から10 mの地点にある，質量1.0 kgの物体が持つ重力による位置エネルギーはいくらか。地上を高さの基準とし，重力加速度の大きさは9.8 m/s^2とする。

(2) ばね定数3.0 N/mのばねを，自然長から0.60 mだけ伸ばしたときの弾性エネルギーを求めよ。

(3) 速さ8.0 m/sで運動している質量0.50 kgの物体の運動エネルギーを求めよ。

解説

(1) 重力による位置エネルギーはmghと表されるので

$$1.0 \times 9.8 \times 10 = \underline{98 \text{ J}} \text{ 答}$$

(2) 弾性エネルギーは$\frac{1}{2}kx^2$と表されるので $\frac{1}{2} \times 3.0 \times 0.60^2 = \underline{0.54 \text{ J}}$ 答

(3) 運動エネルギーは$\frac{1}{2}mv^2$と表されるので $\frac{1}{2} \times 0.50 \times 8.0^2 = \underline{16 \text{ J}}$ 答

確認問題 23 5-3 に対応

滑らかな床の上を速さvで運動している質量mの物体がある。この物体に，進行方向とは逆向きに力Fを加えた。力Fを加えている間に物体は距離xだけ移動したとする。力を加えたあとの物体の速さを求めよ。

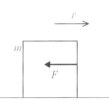

解説

運動エネルギーの変化と仕事の関係を使いましょう。

物体の進行方向を，座標軸の正方向と考えます。

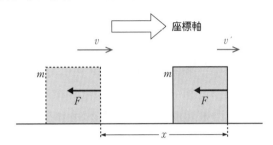

力を加えたあとの物体の速さを上図のようにv'とおくと

はじめの状態の物体の持つ運動エネルギーは$\dfrac{1}{2}mv^2$

力を加えたあとの物体の持つ運動エネルギーは$\dfrac{1}{2}mv'^2$

力がした仕事（物体のされた仕事）は$-Fx$

となります。力の向きは，物体の進行方向と逆向きなので，仕事は$-Fx$なのです。

「運動エネルギーの変化＝仕事」の式にあてはめると

$$\underbrace{\dfrac{1}{2}mv'^2-\dfrac{1}{2}mv^2}_{\text{運動エネルギーの変化}}=\underbrace{-Fx}_{\text{仕事}}$$

これより　$v'=\sqrt{v^2-\dfrac{2Fx}{m}}$ 答

また，はじめの状態に，仕事をされたら，あとの状態
になったわけなので

$$\underbrace{\dfrac{1}{2}mv^2}_{\text{はじめの状態}}+\underbrace{(-Fx)}_{\text{された仕事}}=\underbrace{\dfrac{1}{2}mv'^2}_{\text{あとの状態}}$$

物体はされた仕事の分だけ
エネルギーが変化するんだね

と考えてもよいですよ。

確認問題 24　5-4 に対応

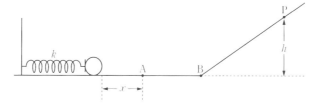

上図のように，ばね定数 k のばねに質量 m の物体を押し当て，自然長の位置 A からばねを距離 x だけ縮ませ，静かに物体をはなした。重力加速度を g として以下の問いに答えよ。面はすべて滑らかであるとする。

(1) 区間 AB にあるときの物体の速さを求めよ。

ばねから離れた物体はその後，上図の点 P で止まった。

(2) 点 P の高さ h を求めよ。

 解説

面が滑らかなので摩擦力ははたらきません。

よって，この問題は力学的エネルギーが保存されるシチュエーションです。

(1) 物体を静かにはなした瞬間と，物体が区間 AB にあるときで，力学的エネルギー保存則を適用すれば

$$\frac{1}{2}kx^2 = \frac{1}{2}mv^2$$

これより　$v = \sqrt{\dfrac{k}{m}}\,x$ 答

(2) 物体が区間 AB にあるときと，物体が点 P で止まったときで，力学的エネルギー保存則を適用すれば

$$\frac{1}{2}mv^2 = mgh$$

これより　$h = \dfrac{v^2}{2g} = \dfrac{1}{2g}\left(\sqrt{\dfrac{k}{m}}\,x\right)^2$

$$= \frac{kx^2}{2mg}$$ 答

v は問題文で与えられていないので使ってはいかんぞい

［別解］

物体を静かにはなした瞬間と，物体が点Pで止まったときで，力学的エネル
ギー保存則を適用すれば

$$\frac{1}{2}kx^2 = mgh$$

よって　$h = \dfrac{kx^2}{2mg}$　答　

Chapter 6 運動量と力積

確認問題 25　6-1 に対応

質量30 kgの物体が速さ5.0 m/sで進んでいる。この物体に，進行方向と同じ向
きに15 Nの力を8.0秒間加えたときの物体の速さを求めよ。

解説

5.0 m/s

進行方向と同方向に
15N を 8.0 秒間加える

v

30 kg

30 kg

求める速さをvとして，運動量と力積の関係を考えると

$$\underset{\text{後の運動量}}{30 \times v} - \underset{\text{前の運動量}}{30 \times 5.0} = \underset{\text{加えた力積}}{15 \times 8.0}$$

これより　$v = \underline{9.0 \text{ m/s}}$　答

確認問題 **26** 6-1 に対応

水平に速さvで運動する質量mのボールを
バットで打ち返したところ，ボールは前方
に，水平面から$60°$の方向へ同じ速さvで
飛んでいった。このときバットがボールに
与えた力積の大きさを求めよ。

最初　　　　打ち返したあと

 解 説

角度を考えるパターンの問題ですね。

ステップを踏んで考えかたを確認します。

まず，前後の運動量を矢印で表し，それぞれの根もとを合わせます。

そして，「前の運動量＋力積＝後の運動量」となるように力積の矢印をかくと，
下図のようになります。

前の運動量　　　　後の運動量　　　矢印の根もとを合わせる

上図の三角形から，力積の大きさIを求めます。

直角三角形ではないので，三平方の定理は使えません。

ここではIを求めるのに余弦定理を使いましょう。

数学の三角比の単元で習う定理です。

$$\underset{a^2}{I^2} = \underset{b^2}{(mv)^2} + \underset{c^2}{(mv)^2} - \underset{2bc\cos A}{2(mv) \times (mv)\cos 120°}$$

$$= 3(mv)^2$$

よって　$I = \sqrt{3}\,mv$ 答

物理では，数学の知識が
必要となることも
たまにあるぞい

確認問題 **27** 6-2に対応

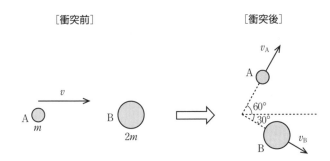

［衝突前］　［衝突後］

水平面上で速さvで運動する質量mの物体Aが，静止している質量$2m$の物体Bに衝突したところ，物体Aと物体Bは上図のように，角度$60°$の方向と角度$30°$の方向に運動し始めた。衝突後の物体Aの速さv_Aと物体Bの速さv_Bをそれぞれ求めよ。

解説

角度が関係する衝突の問題です。

このような角度がついた衝突問題では，Aの入射方向とそれに垂直な方向に分けて運動量保存を考える必要があります。

まず，Aの入射方向について考えてみましょう。

衝突後の2物体のAの入射方向の速さは$v_A\cos60°$と$v_B\cos30°$ですから，Aの入射方向の運動量保存は

$$\underset{\text{衝突前の運動量の和}}{mv + 0} = \underset{\text{衝突後の運動量の和}}{mv_A\cos60° + 2mv_B\cos30°} \quad \cdots\cdots①$$

垂直方向の速さは$v_A\sin60°$と$v_B\sin30°$ですから，符号に注意して垂直方向の運動量保存の式を立てると

$$\underset{\text{衝突前の運動量の和}}{0 + 0} = \underset{\text{衝突後の運動量の和}}{mv_A\sin60° - 2mv_B\sin30°} \quad \cdots\cdots②$$

①式と②式を連立して解いて　$v_A = \dfrac{1}{2}v, \ v_B = \dfrac{\sqrt{3}}{4}v$ **答**

確認問題 28 6-3 に対応

次の問い (1) 〜 (3) に答えよ。

(1) 物体が速さ20 m/sで壁にぶつかったところ，速さ12 m/sとなってはね返された。この衝突の反発係数はいくらか。

(2) ある速さで物体が壁に衝突したところ，速さ8.0 m/sではね返された。衝突前の物体の速さを求めよ。ただし，この衝突の反発係数は0.8とする。

(3)

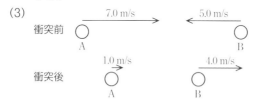

衝突前　A　7.0 m/s　　5.0 m/s　B

衝突後　A　1.0 m/s　　4.0 m/s　B

速度が7.0 m/sの物体Aと−5.0 m/sの物体Bが衝突したところ，衝突後の速度はそれぞれ1.0 m/sと4.0 m/sであった。この衝突の反発係数を求めよ。

・・・

 解説

(1) 反発係数は，物体の速さが衝突前後で何倍になるかを表す数値で，

$$\frac{(衝突後の物体の速さ)}{(衝突前の物体の速さ)}$$ で定義されていましたね。

定義より，反発係数は

$$\frac{12}{20} = \underline{0.60}　答$$

(2) 衝突前の速さをvとして定義にあてはめると

$$0.8 = \frac{8.0}{v}$$

これより　$v = \underline{10 \text{ m/s}}$　答

反発係数の定義は覚えておかなきゃね

(3) 速度で定義すると，反発係数は，

$$e = -\frac{(衝突後の物体の速度)}{(衝突前の物体の速度)}$$ となるんでしたね。

問題の図の右向きを正とすると，反発係数は

$$-\frac{v_A{}'-v_B{}'}{v_A-v_B}=-\frac{1.0-4.0}{7.0-(-5.0)}=\underline{0.25}\ \text{答}$$

①衝突後が分子
②「A－B」か「B－A」かそろえる
③全体にマイナスをつける

確認問題 29 6-2，6-3 に対応

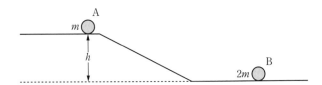

上図のように，高さ h のところにある質量 m の物体Aを静かにすべらせたところ，物体Aは坂をすべりながら加速し，質量 $2m$ の物体Bと正面衝突した。衝突後，物体Aは静止した。以下の問いに答えよ。重力加速度の大きさを g とし，床は滑らかであるとする。

(1) 衝突直前の物体Aの速さを求めよ。

(2) 衝突後の物体Bの速さを求めよ。

(3) この衝突の反発係数を求めよ。

 解説

(1) 力学的エネルギー保存則より

$$mgh=\frac{1}{2}mv^2$$
$$v=\underline{\sqrt{2gh}}\ \text{答}$$

(2) 衝突後の物体Bの速さを v' とすると

運動量保存則：$\underbrace{mv+0}_{\text{衝突前の運動量}}=\underbrace{0+2mv'}_{\text{衝突後の運動量}}$

これより $v'=\frac{v}{2}=\underline{\frac{\sqrt{2gh}}{2}}\left(=\sqrt{\frac{gh}{2}}\right)$ 答

(3) 反発係数の式より

$$e = -\frac{v_A{}' - v_B{}'}{v_A - v_B} = -\frac{0 - v'}{v - 0} = \frac{v'}{v} = \underline{0.5}$$ **答**

確認問題 30 6-3 に対応

右図のように，滑らかな床の上を速さ $3v$ で運動
している質量 m の物体Aと，速さ v で運動してい
る質量 $4m$ の物体Bがある。2物体は次第に近づ
き，完全非弾性衝突した。以下の問いに答えよ。

(1) 衝突後に一体となった2物体の速さを求めよ。

(2) この衝突によってどれくらいの運動エネルギーが失われたか。

 解説

(1) 右図のように，衝突後，物体Aと物体Bは質量
$5m$ の1つの物体になったとみなせます。
2物体の間にはたらくのは作用・反作用の力な
ので，運動量保存則が使えます。
求める速さを V とすると，運動量保存則より

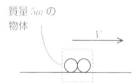
質量 $5m$ の
物体

$$\underbrace{m \cdot 3v + 4m \cdot v}_{\text{衝突前の運動量の和}} = \underbrace{5mV}_{\text{衝突後の運動量の和}}$$

$$V = \frac{7}{5}v$$ **答**

(2) この衝突は完全非弾性衝突なので，力学的エネルギーは保存しません。

（失われたエネルギー）＝（衝突前のエネルギー）－（衝突後のエネルギー）

であるので，失われた運動エネルギーは

$$\underbrace{\frac{1}{2} \cdot m\,(3v)^2 + \frac{1}{2} \cdot 4m \cdot v^2}_{\text{衝突前のエネルギー}} - \underbrace{\frac{1}{2} \cdot 5m \cdot V^2}_{\text{衝突後のエネルギー}}$$

$$= \frac{13}{2}mv^2 - \frac{1}{2} \cdot 5m \cdot \frac{7^2}{5^2}v^2$$

$$= \frac{mv^2}{10}(65 - 49) = \frac{8}{5}mv^2$$ **答**

2つの保存則がどんなときに
使えてどんなときに使えない
か復習しておくんじゃぞ

慣性力がはたらく運動

確認問題 31 7-1，7-2 に対応

摩擦のある板の上に質量 m の物体が置いてある。この板を右図のように加速度 a で運動させたところ，物体は板の上をすべることなく一体となって動いた。重力加速度を g，静止摩擦係数を μ として，以下の問いに答えよ。

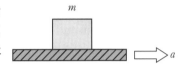

(1) 摩擦力を f として，板に乗っている人から見たときの，物体の水平方向の力のつり合いの式を立てよ。

板の加速度を大きくしていったところ，加速度が a_0 になったときに物体はすべり始めた。

(2) a_0 を求めよ。

解説

(1) ステップ通りに解いていきましょう。

①慣性力を図示する。

図1では，板は右向きに加速していますから，物体には左向きに慣性力 ma がはたらきます。

②慣性力以外の力を図示する。

慣性力以外には，重力，垂直抗力，摩擦力がはたらきますが，水平方向の力は摩擦力のみですね。

慣性力が左向きにはたらくので，摩擦力は右向きにはたらいていることになります。

③力のつり合いの式を立てる。

図2より，力のつり合いの式は

$$f = ma \quad 答$$

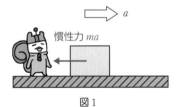

図1

図2

(2) 加速度がa_0になったとき，物体には最大摩擦力がはたらいています。

最大摩擦力がはたらく瞬間の力のつり合いの式は，垂直抗力をNとすると

$$\mu N = ma_0$$

力のつり合いより　$N = mg$

これより　　$\underline{a_0 = \mu g}$ 答

確認問題 32 7-2 に対応

電車内でAさんが質量mの物体を，高さhの位置から落下させる状況を考える。Bさんは電車の外でそれを観測しているとして，次の各問いに答えよ。ただし，重力加速度をgとする。

(1) 電車が速度v_0で等速直線運動をしているときに，Aさんは手をはなし，物体を落下させた。このとき，Aさんから見て物体は，水平方向にどれだけ離れた位置に落下したか。また，Bさんから見たとき，物体はAさんが手をはなした位置からどれだけ進んで落下したか。

(2) 電車は速度v_0で等速直線運動をしていたが，ある瞬間から加速度a_1の等加速度運動に切り替えた。切り替えた瞬間にAさんは手をはなし，物体を落下させた。このとき，Aさんから見て物体は，水平方向にどれだけ離れた位置に落下したか。また，Bさんから見たとき，物体はAさんが手をはなした位置からどれだけ進んで落下したか。

解説

少し難しいですが，とても面白い問題です。

電車内で物体を落下させるのですが，鉛直方向には重力mgしかはたらかないので，加速度gの等加速度運動をします。

よって，手をはなしてから物体が落下するまでにかかる時間tは以下のように求められます。

$$h = \frac{1}{2}gt^2$$

$$t = \sqrt{\frac{2h}{g}}$$

このtは(1)も(2)も共通です。

(1) 速度v_0で等速直線運動をしているとき

　Aさんから見ると，物体には重力しかはたらいていません。

　ですので，自由落下と考えられますから，そのままAさんの足もとに落ち

　ます。

　よって，0 （答）

　Bさんから見ると，物体は電車と同じ速度で等速直線運動をしているので，

　Aさんが手をはなした位置から$v_0 t$だけ進んで落下します。

　よって，**Bさんから見ると** $v_0 t = v_0 \sqrt{\dfrac{2h}{g}}$ **だけ進んで落下する。** （答）

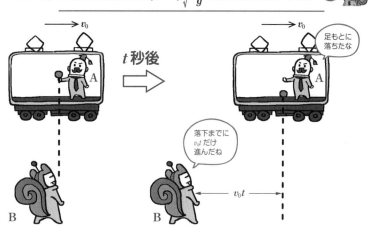

(2) 速度v_0で等速直線運動をし
ていたのを加速度a_1の等加
速度運動に切り替えた瞬間
に，Aさんが手をはなして物
体を落下させます。

等加速度運動をしているA
さんから見ると，加速度の方
向と逆向きに慣性力ma_1が物
体にはたらいています。物体

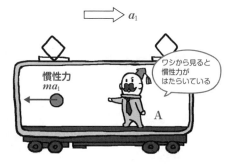

についての水平方向の運動方程式$F = ma$より

$$\underbrace{ma_1}_{F（慣性力）} = \underbrace{ma}_{ma}$$
$$a = a_1$$

ですので，Aさんから見ると物体は自分の進行方向と逆向きに加速度a_1の
等加速度運動をしていることになります。

よって，Aさんから見ると $\frac{1}{2}a_1t^2 = \frac{a_1h}{g}$ だけ離れた位置に落下する。

Bさんから見ると，物体には慣性力ははたらきません。

Aさんが手をはなした瞬間，物体は速度 v_0 を持っており，重力以外の力は何もはたらかないので，Aさんが手をはなした位置から v_0t だけ進んで落下します。

よって，Bさんから見ると $v_0t = v_0\sqrt{\frac{2h}{g}}$ だけ進んで落下する。

[別解]

Bさんから見て，Aさんが手をはなしてから物体が落下するまでに，Aさんはどれだけ進んだかというと，$v_0t + \frac{1}{2}a_1t^2$ ですね。

物体はAさんより，$\frac{1}{2}a_1t^2$ だけ離れた位置に落下するのですから

$$v_0t + \frac{1}{2}a_1t^2 - \frac{1}{2}a_1t^2 = v_0t$$

よって，Bさんから見ると $v_0t = v_0\sqrt{\frac{2h}{g}}$ だけ進んで落下する。

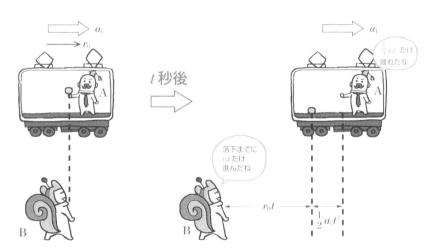

（1），（2）のどちらでも，電車の外（Bさん）から見たときの進んだ距離は同じになるのです。

確認問題 **33** **7-2に対応**

地面と角θをなす斜面台の上に質量mの物体が置いてある。はじめ物体は静止していた。この斜面台を右図のように加速させ，徐々に加速度を大きくしていったところ，加速度がa_0になったとき，物体は斜面を上り始めた。a_0の値を求めよ。静止摩擦係数をμ，重力加速度をgとする。

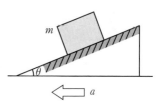

 解説

斜面台に置かれている物体が静止しているので，物体と斜面台の間には摩擦力がはたらくということです。

斜面台に観測者を乗せて考えましょう。

斜面台を左向きに加速させると，物体には右向きの慣性力がはたらきますね。

加速度を大きくすると，慣性力がだんだん大きくなり，慣性力の斜面に平行な方向の力が大きくなると，物体は斜面を上り始めるのです。

そうすると，加速度がa_0のときに動き始めるのですから，物体には最大摩擦力がはたらいていることになりますね。右図に，慣性力，重力，斜面台から受ける力をそれぞれ示しました。斜面に平行な方向と斜面に垂直な方向の力のつり合いを考えて

[慣性力]

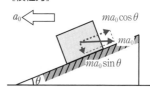

[重力]

斜面に平行な方向の力のつり合い：
$$mg\sin\theta + \mu N = ma_0\cos\theta \quad \cdots\cdots①$$
斜面に垂直な方向の力のつり合い：
$$mg\cos\theta + ma_0\sin\theta = N \quad \cdots\cdots②$$

②式を①式に代入して

[斜面台から受ける力]

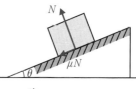

$$mg\sin\theta + \mu(mg\cos\theta + ma_0\sin\theta) = ma_0\cos\theta$$
$$ma_0(\cos\theta - \mu\sin\theta) = mg(\sin\theta + \mu\cos\theta)$$

$$a_0 = \frac{\sin\theta + \mu\cos\theta}{\cos\theta - \mu\sin\theta}\,g \quad 答$$

8　円運動

確認問題 34　8-1，8-2，8-3 に対応

次の問い(1)〜(3)に答えよ。
　(1)　角速度ωで物体が円運動している。この円運動の周期を求めよ。
　(2)　速さvで物体が周期Tの円運動をしている。この円運動の半径を求めよ。
　(3)　速さv，周期Tで円運動している物体の加速度を求めよ。

 解説

円運動の基本的な関係式を使いこなせるようになりましょう。

(1)　角速度と周期の関係式$\omega T = 2\pi$より

$$T = \frac{2\pi}{\omega} \quad \text{答}$$

(2)　速さと周期の関係式$vT = 2\pi r$より

$$r = \frac{vT}{2\pi} \quad \text{答}$$

(3)　加速度は$a = v\omega$で表され，また角速度と周期の関係式より$\omega = \dfrac{2\pi}{T}$であるから

$$a = v\omega = 2\pi\frac{v}{T} \quad \text{答}$$

これらの公式はすべて
使いこなせるようにならねはな

確認問題 **35** 8-3 に対応

右図のように，円すいの中で質量mの物体が角速度ω，速さvの円運動をしている。物体が接している側面は，水平面と角θをなしている。物体が側面から受ける垂直抗力をN，重力加速度をgとして，以下の問いに答えよ。

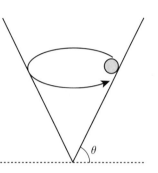

(1) 物体の円運動の運動方程式と，鉛直方向の力のつり合いの式を立てよ。

(2) ωをg，θ，vで表せ。

 解 説

何やら難しそうなシチュエーションですが「物体が作る円軌道」に着目すれば大丈夫です。

(1) 物体には右図のように力がはたらいています。

また，円運動の加速度は$v\omega$で表されます。

円軌道の中心方向の力は$N\sin\theta$なので，これが向心力です。

円運動の運動方程式と力のつり合いの式は

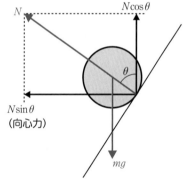

円運動の運動方程式：

$$N\sin\theta = mv\omega \quad \cdots\cdots ①$$

力のつり合い：

$$N\cos\theta = mg \quad \cdots\cdots ② \;\text{答}$$

(2) ②式より，$N = \dfrac{mg}{\cos\theta}$ですから，これを①式に代入して整理すると

$$\omega = \frac{g\tan\theta}{v} \quad \text{答}$$

確認問題 **36** 8-3 に対応

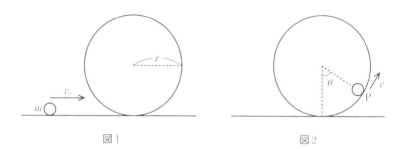

図1　　　　　　　　　　　　　　　　　図2

図1のように，水平な部分とループ部分がある滑らかなレールがある。ループ部分は半径 r の円である。水平な部分の上に質量 m の球状の物体を置き，物体に速さ v_0 を与えた。重力加速度を g として，以下の問いに答えよ。

(1) 図2のように，物体が点Pにあるときの物体の速さ v を求めよ。

(2) 物体が点Pにあるときの円運動の運動方程式を立てよ。v は用いてよい。ただし，物体がレールから受ける垂直抗力を N とする。

(3) この物体がレールから離れることなく1回転するのに必要な，v_0 についての条件を求めよ。

 解 説

等速でないタイプの円運動ですね。

(1) レールは滑らかですから，エネルギー保存則が使えます。

点Pの高さは本冊p.210と同様に考えて，$r(1-\cos\theta)$ と表されますね。

物体が水平部分にあるときと，点Pにあるときとでエネルギー保存則を適用すると

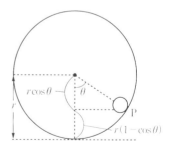

$$\frac{1}{2}mv_0^2 = \frac{1}{2}mv^2 + mgr(1-\cos\theta)$$

これより　$v = \sqrt{v_0^2 - 2gr(1-\cos\theta)}$　答

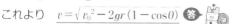

(2) 右図より，物体が点Pにあるときの向心力は$N - mg\cos\theta$です。

また，加速度は$\dfrac{v^2}{r}$であるので，円運動の

運動方程式は

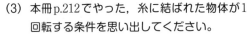

$$N - mg\cos\theta = m\dfrac{v^2}{r}$$ 答

(3) 本冊p.212でやった，糸に結ばれた物体が1
回転する条件を思い出してください。
物体が1回転するのは「物体が最高点に達
したときでも，張力Sがはたらいているとき」，すなわち「$\theta = \pi$で$S \geqq 0$」
のときでしたね。

これと同じように，球が円状の面を1回転するには，物体が常に面から押
されていればよい（面に触れていればよい）のです。

つまり，1回転するのは，最高点に達したときでも垂直抗力Nがはたらいて
いるとき，すなわち「$\theta = \pi$で$N \geqq 0$」のときになります。

(1)，(2)より

$$N = mg\cos\theta + m\dfrac{v^2}{r}$$

$$= mg\cos\theta + \dfrac{m}{r}\{v_0{}^2 - 2gr(1 - \cos\theta)\}$$

これに$\theta = \pi$を代入すると，Nは

$$N = mg(-1) + \dfrac{m}{r}\{v_0{}^2 - 2gr(1 + 1)\}$$

$$= -mg + \dfrac{m}{r}(v_0{}^2 - 4gr)$$

となります。これが0以上であればよいので，条件は

$$-mg + \dfrac{m}{r}(v_0{}^2 - 4gr) \geqq 0$$

$$v_0{}^2 - 5gr \geqq 0$$

$$v_0{}^2 \geqq 5gr$$

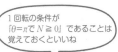

1回転の条件が
「$\theta = \pi$で$N \geqq 0$」であることは
覚えておくといいね

$v_0 > 0$より

$$v_0 \geqq \sqrt{5gr}$$ 答

これは本冊p.212の例題の答えと同じです。糸で
も面でも同じように考えられるということですね。

[別解]

右図において$N = 0$となる場合が限界である。

$$m \frac{v^2}{r} = mg \qquad \cdots\cdots ①$$

エネルギー保存則より

$$\frac{1}{2}mv_0^2 = \frac{1}{2}mv^2 + mg(2r) \qquad \cdots\cdots ②$$

①，②式より　$v_0 = \sqrt{5gr}$ が限界なので　$\underline{v_0 \geqq \sqrt{5gr}}$ 答

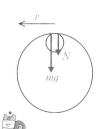

確認問題 37　8-4 に対応

質量Mの車が，半径rの円軌道のカーブを速さvで走行した。車が受ける遠心力の大きさはいくらか。

解説

遠心力は慣性力なので　Ma

ここで$a = \dfrac{v^2}{r}$なので

遠心力の大きさは　$\underline{M\dfrac{v^2}{r}}$ 答

---

9 万有引力

確認問題 38　9-1，9-2 に対応

次の問い (1) ～ (3) に答えよ。

(1)　2.0 m 離れている 100 kg の物体と 50 kg の物体の間にはたらく万有引力の大きさを求めよ。万有引力定数を 6.7×10^{-11} N·m²/kg² とする。

(2) 図1のように，ある天体を焦点として，だ円軌道を描いて運動する衛星がある。この衛星の点A（近日点）での速さは v であった。衛星の点B（遠日点）での速さ V を求めよ。

(3) 図2のように，ある天体を焦点として，惑星A，Bがだ円軌道を描き運動している。惑星Aの周期が T であるとき，惑星Bの周期 T' を求めよ。

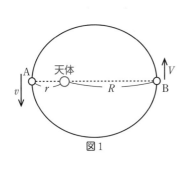

図1

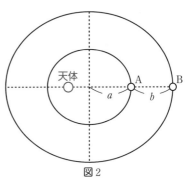

図2

解説

万有引力に関する基本問題を並べてみました。

(1) 万有引力の式より

$$G\frac{mM}{r^2} = 6.7 \times 10^{-11} \times \frac{100 \times 50}{2.0^2}$$

$$\fallingdotseq \underline{8.4 \times 10^{-8}\ \text{N}}\ \text{答}$$

(2) ケプラーの第2法則の，惑星が長軸上にある場合を考えます。右図の2つの三角形の面積は等しいので

$$\frac{1}{2}rv = \frac{1}{2}RV$$

これより $\underline{V = \dfrac{r}{R}v}$ 答

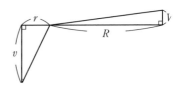

(3) 2つの天体の焦点は同じですから，ケプラーの第3法則が使えます。惑星A，Bの長半径はそれぞれ a と $a+b$ ですから，第3法則より

$$\frac{T^2}{a^3} = \frac{T'^2}{(a+b)^3}$$

$$T'^2 = \left(\frac{a+b}{a}\right)^3 T^2$$

これより　$\underline{T' = T\left(1+\dfrac{b}{a}\right)^{\frac{3}{2}}}$　答

確認問題 39 9-1，9-2に対応

質量Mの地球の周りを，質量mの衛星が半径R
の等速円運動している。円運動の周期をT，万有
引力定数をGとして，以下の問いに答えよ。

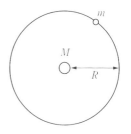

(1) 衛星の速さvをTとRを用いて表せ。

(2) 衛星が受ける向心力の大きさをT，m，
Rを用いて表せ。

(3) 地球と衛星の間にはたらく万有引力の
大きさを求めよ。

(4) (2)と(3)の答えを利用して，焦点となる天体が同じであれば，$\dfrac{R^3}{T^2}$の

値が一定であること(ケプラーの第3法則)を確かめよ。

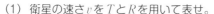

 解 説

(1) 円運動の速さと半径の関係式を使って
$$vT = 2\pi R$$
$$\underline{v = \frac{2\pi R}{T}}\ 答$$

(2) 向心力をFとすると，円運動の運動方程式より
$$F = m\frac{v^2}{R} = \frac{m}{R} \times \left(\frac{2\pi R}{T}\right)^2 = \underline{\frac{4\pi^2 mR}{T^2}}\ 答$$

(3) 万有引力の式より　$\underline{G\dfrac{Mm}{R^2}}\ 答$

(4)「(2) と (3) の答えを利用して」とのことですが,一体どう利用すればよい
のでしょうか。

(2) と (3) で出した答えはそれぞれ「向心力の大きさ」と「万有引力の大き
さ」です。

でもよく考えてみると,衛星には万有引力しか力がはたらいていないはず
ですから,(2) で求めた向心力は,衛星にはたらく万有引力ということです。
そこで,「向心力=万有引力」として式を立ててみましょう。

$$\frac{4\pi^2 mR}{T^2} = G\frac{Mm}{R^2}$$

この等式の両辺に $\frac{R^2}{4\pi^2 m}$ を掛けると,こうなります。

$$\frac{R^3}{T^2} = \frac{GM}{4\pi^2} \quad \cdots\cdots\text{①}$$

この等式の右辺には,地球の質量 M 以外の物理

量はありません。ということは,**①式は「$\frac{R^3}{T^2}$ の**

値は,焦点となる天体の質量にしか依存しない」

ということを表しているので,焦点となる天体

が同じであれば,$\frac{R^3}{T^2}$ の値は一定であることが確

かめられました。 答

『向心力=万有引力』に
気づけるかがポイントじゃ

確認問題 **40** 9-3 に対応

地表から質量 m の衛星を速さ v で打ち上
げた。この衛星が宇宙空間に到達し,か
つ無限遠へと飛んでいってしまわないよ
うにするための v の条件を求めよ。ただ
し,万有引力定数を G,地球の半径を R,
地球の質量を M,地表から宇宙空間まで
の距離を h とする。

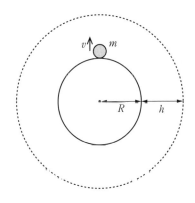

解説

まずは宇宙空間に到達するための条件を求めましょう。

地表において衛星を打ち上げた瞬間のエネルギーは

$$\frac{1}{2}mv^2 - G\frac{mM}{R} \quad \cdots\cdots\text{①}$$

ですね。また，大気圏と宇宙空間のちょうど境目で止まってしまった衛星のエネルギーは

$$-G\frac{mM}{R+h} \qquad \cdots\cdots\text{②}$$

もし，①のエネルギーが②のエネルギーよりも小さかったら，宇宙空間に到達する前に止まってしまいます。

ですから，宇宙空間に到達するためには，①のエネルギーが②のエネルギーよりも大きければよいのです。

よって，宇宙空間に到達するためのvの条件は

$$\frac{1}{2}mv^2 - G\frac{mM}{R} \geqq -G\frac{mM}{R+h}$$

$$v \geqq \sqrt{\frac{2GMh}{R(R+h)}} \quad \cdots\cdots\text{③}$$

続いて無限遠に飛んでいってしまわないための条件です。

無限遠に飛び去るのは，エネルギーの総和が0以上のときでしたね。

逆にいえば，エネルギーが0より小さいときは，無限遠に飛び去ることはありませんから，求める条件は

$$\frac{1}{2}mv^2 - G\frac{mM}{R} < 0$$

$$v < \sqrt{\frac{2GM}{R}} \quad \cdots\cdots\text{④}$$

よって，解答は，③式と④式を合わせて

$$\underline{\sqrt{\frac{2GMh}{R(R+h)}} \leqq v < \sqrt{\frac{2GM}{R}}} \quad \text{答}$$

単振動

ある物体は，変位が $x = 0.30\sin 2\pi t$ 〔m〕と表される単振動をする。以下の問い
に答えよ。

(1) $t = \dfrac{1}{12}$ s における変位を求めよ。

(2) $t = 1.0$ s における物体の速度を求めよ。

(3) $x = 0.10$ m における物体の加速度を求めよ。

(1) $t = \dfrac{1}{12}$ s を変位の式に代入すると

$$x = 0.30\sin\left(2\pi \times \frac{1}{12}\right) = 0.30\sin\frac{\pi}{6} = 0.30 \times \frac{1}{2} = \underline{0.15\ \mathrm{m}}$$ 答

(2) 変位が $x = A\sin\omega t$ で表される単振動の速度 v は，$v = A\omega\cos\omega t$ と表されま
したね。
この問題では $A = 0.30$ m，$\omega = 2\pi$ rad/s なので，v は
$$v = 0.60\pi\cos 2\pi t$$
これに $t = 1.0$ s を代入すると
$$v = 0.60\pi\cos(2\pi \times 1.0) = 0.60\pi\cos 2\pi = 0.60\pi \times 1$$
$$= \underline{0.60\pi\ \mathrm{m/s}}$$ 答

(3) 加速度 a は $a = -\omega^2 x$ で表されますから，$\omega = 2\pi$ のときは
$$a = -4\pi^2 x$$
これに $x = 0.10$ を代入すると
$$a = -4\pi^2 \times 0.10 = \underline{-0.40\pi^2\ \mathrm{m/s^2}}$$ 答

確認問題 **42**　10-1, 10-3 に対応

右図のように, 水平面と角 θ をなす滑らかな斜面上で, 質量 m の物体がばね定数 k のばねにつながれている。はじめ物体は静止していた。重力加速度の大きさを g として, 以下の問いに答えよ。

　(1)　このときのばねの縮みを求めよ。

次に, 物体を距離 A だけ引っ張ってはなしたところ, 物体は振幅 A の単振動を始めた。

　(2)　この単振動の角振動数 ω と周期 T を求めよ。

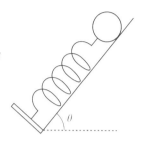

- -

　解 説

(1)　ばねの縮みを x_0 とすると, このとき物体には右図のように力がはたらいています。斜面方向の力のつり合いより

$$kx_0 = mg\sin\theta$$

$$x_0 = \frac{mg}{k}\sin\theta$$　**答**

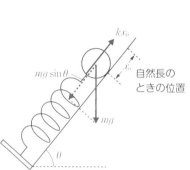

自然長のときの位置

(2)　斜面になってもやることは同じです。ステップを踏んで解いていきましょう。

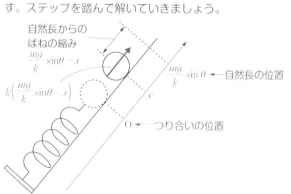

自然長からのばねの縮み
$$\frac{mg}{k}\sin\theta - x$$

$$k\left(\frac{mg}{k}\sin\theta - x\right)$$

$\frac{mg}{k}\sin\theta$ ← 自然長の位置

0 ← つり合いの位置

① **力のつり合いの位置を求め，そこを原点として座標をとる。**

力のつり合いの位置は(1)で求めましたね。上図のように座標をとりましょう。

② **$-Kx＝ma$ の形の単振動の運動方程式を立て，$a＝-\omega^2 x$ を代入する。**

自然長の位置は $x＝\dfrac{mg}{k}\sin\theta$ ですから，物体が位置 x にあるときのばねの

縮みは $\dfrac{mg}{k}\sin\theta - x$ で表されます。

よって，このとき物体にはたらく力は

$$k\left(\dfrac{mg}{k}\sin\theta - x\right) - mg\sin\theta ＝ -kx$$

単振動のときは $a＝-\omega^2 x$ となるので

$$F＝m\underset{-\omega^2 x}{\underbrace{a}}$$

$$-kx＝m(-\omega^2 x)$$

$$\omega＝\sqrt{\dfrac{k}{m}} \text{ 答}$$

$\omega T＝2\pi$ より

$$T＝\dfrac{2\pi}{\omega}＝2\pi\sqrt{\dfrac{m}{k}} \text{ 答}$$

ステップをしっかり踏めば大丈夫だよ

シチュエーションが斜面になっても，本冊p.254の例と同じでしたね。

確認問題 43 10-3，10-4 に対応

加速度 a で上昇するエレベーターの中に，ばね定数 k のばねにつながれた質量 m の物体がある。ばねが自然長になるように物体を支えていた手をはなしたところ，エレベーター内の観測者が観測すると物体は単振動を始めた。以下の問いに答えよ。

(1) この単振動の振幅を求めよ。

(2) 振動の中心における物体の速さを求めよ。

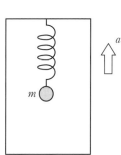

解説

(1) まず，力のつり合いの位置を求めましょう。ばねの自然長
からの伸びをxとします。

右図のように，物体には重力mgと弾性力kxと慣性力ma
がはたらいています。これらがつり合っているとすると

$$ma + mg = kx$$

$$x = \frac{m}{k}(a + g)$$

この位置が単振動の中心なので，ここを原点として，下向
きを正として座標をとりましょう。そうすると，自然長の

位置は$x = -\dfrac{m}{k}(a + g)$となりますね。

物体は自然長の位置，すなわち$x = -\dfrac{m}{k}(a + g)$で手をはなされたので，

物体は$x = \pm\dfrac{m}{k}(a + g)$の間を行ったり来たりします。

よって，振幅は　$\dfrac{m}{k}(a + g)$　**答**

(2) 振動中心での物体の速さをvとして，単振動の
力学的エネルギー保存則を使うと

$$\frac{1}{2}mv^2 = \frac{1}{2}k\left\{\frac{m}{k}(a + g)\right\}^2$$

$$v^2 = \frac{m}{k}(a + g)^2$$

$v > 0$より　$v = (a + g)\sqrt{\dfrac{m}{k}}$　**答**

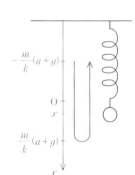

確認問題 44 10-5 に対応

次の文章を読んで，空欄を埋めよ。

天井から下げられた長さ ℓ の糸の先に質量 m の物体がついている。この物体を鉛直方向からずらして振り子を振動させる。鉛直方向となす角度を θ とすると，振り子の重力の軌道の接線方向成分の大きさは ___(1)___ と表される。

もし θ が小さい場合は，物体は右図のように水平方向にのみ運動していると考えられる。右図のように x 軸をとり，物体の水平方向への変位を x とすると，$\sin\theta$ は ___(2)___ と表される。これを利用すると ___(1)___ は ___(3)___ と表すことができる。このとき，振り子運動は単振動に近似でき，その加速度を a とすると，運動方程式は ___(4)___ となる。さらに，角振動数 ω を用いると a が ___(5)___ と表されることを利用すると，___(4)___ 式より，$\omega=$ ___(6)___ である。また，周期 T は ___(7)___ となる。

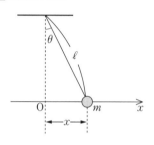

- -

解説

すべて10-5の復習です。

(1) $\underline{mg\sin\theta}$　　(2) $\underline{\dfrac{x}{\ell}}$　　(3) $\underline{mg\dfrac{x}{\ell}}$　　(4) $\underline{-\dfrac{mg}{\ell}x = ma}$

(5) $\underline{-\omega^2 x}$　　(6) $\underline{\sqrt{\dfrac{g}{\ell}}}$　　(7) $\underline{T=\dfrac{2\pi}{\omega}=2\pi\sqrt{\dfrac{\ell}{g}}}$ 答

力学の問題はここまでじゃ

残すは波動だね

11 波の性質（その１）

確認問題 **45** 11-3，11-4，11-5 に対応

右図はある波の $y-t$ グラフである。この波の速さは 10 cm/s である。この波の周期，振動数，波長を求めよ。

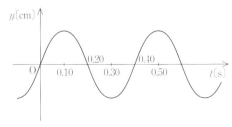

解 説

周期は「リスが１回振動するのにかかる時間（リスが１個の波を越えるのにかかる時間）」で，振動数は「リスが１秒間に振動する回数」のことでした。

図より，周期は 0.40 s です。「$T = \dfrac{1}{f}$」の関係を使えば，振動数は

$\dfrac{1}{0.40} = 2.5$ Hz となります。

また，$\lambda = vT$ なので，波長は $\lambda = vT = 10 \times 0.40 = 4.0$ cm となります。

以上より　**周期…0.40 s，振動数…2.5 Hz，波長…4.0 cm**

確認問題 **46** 11-1, 11-2, 11-3, 11-5 に対応

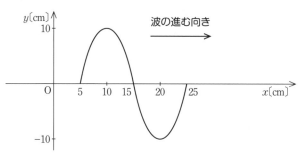

上図を見て，以下の問いに答えよ。

(1) 図に表される波の振幅と波長を求めよ。

(2) この波は速度5.0 cm/sで進んでいる。図の状態から3秒後の，$x = 25$ cmにおける変位はいくらか。

(3) 図の状態を$t = 0$ sとして，$x = 25$ cmにおけるy-tグラフを$0 \leqq t \leqq 3.0$の範囲でかけ。

 解 説

(1) 振幅は波の高さ，波長は波の1つのカタマリの長さのことですから，図より **振幅…10 cm，波長…20 cm** 答

(2) 波の速度は5.0 cm/sであるので，3秒後には波は$5 \times 3 = 15$ cm進みますから，図の$x = 10$ cmの変位が，3秒後の$x = 25$ cmの変位になります。よって **$x = 25$ cmの変位…10 cm** 答

(3) y-xグラフからy-tグラフをかくという問題です。
着目する位置にリスを置いて考えてみましょう。
着目する位置は$x = 25$ cmですから，ここにリスを置くと$0 \leqq t \leqq 3$の間に，リスは「下降してから上昇し，$t = 3.0$ sで最高点に至る」ことになります。
1秒間に波は5.0 cm進むので，$x = 25$ cmにおけるyの値は

着目する点にボクを置いて考えよう！

$t=0$ s のとき　$y=0$ cm
$t=1$ s のとき　$y=-10$ cm
$t=2$ s のとき　$y=0$ cm
$t=3$ s のとき　$y=10$ cm

よって，答えは右図のようになります。

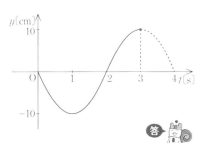

確認問題 47 **11-2, 11-3, 11-4, 11-5 に対応**

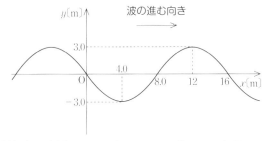

上図はある連続波の時刻 $t=0$ s における $y-x$ グラフである。この波は速さが 2.0 m/s で図の右方向に進む。以下の問いに答えよ。

(1) この波の原点（$x=0$）における $y-t$ グラフを $t=0$ s ～ 12 s の間でかけ。
(2) この波の $x=12$ m における $y-t$ グラフを $t=0$ s ～ 12 s の間でかけ。

・・

 解 説

$y-x$ グラフを見て，$y-t$ グラフをかく問題です。

本冊の p.284 で説明した，「$y-x$ グラフをちょっとだけずらす」テクニックを使いますよ。

その前に，$y-t$ グラフをかくために必要な要素である，振幅と周期を求めましょう。

振幅は $y-x$ グラフと同じになるので，3.0 m です。

周期は波が1回振動する時間で，1回振動すると波は1波長だけ進むのでした。

波の速さを v，周期を T，波長を λ とすると $vT=\lambda$ ということでしたね（本冊 p.280）。

よって，$T = \dfrac{\lambda}{v} = \dfrac{16}{2.0} = 8.0$ sです。

これで準備完了です。本冊p.284と同様に解いていきます。

(1) 図において $x = 0$ mの点は $y = 0$ mです（① $t = 0$ sでは $y = 0$ mになる）。
   時間が少しだけ経ち，波が進行方向にちょっとだけ動いたとすると，
   $x = 0$ mの点は上側に動きます（② $t > 0$ では，まず上方向に動く）。
   振幅は3.0 m（③ y の最大値は3 m，最小値は -3 m）
   周期は8.0 s（④波の1サイクルが8.0 sで終わる）
   よって，原点（$x = 0$）における y - t グラフは次のようになります。

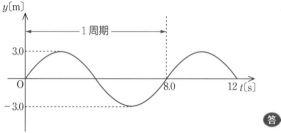

(2) 図において $x = 12$ mの点は $y = 3.0$ mです（① $t = 0$ sでは $y = 3.0$ mになる）。
   時間が少しだけ経ち，波が進行方向にちょっとだけ動いたとすると，
   $x = 12$ mの点は下側に動きます（② $t > 0$ では，まず下方向に動く）。
   振幅は3.0 m（③ y の最大値は3 m，最小値は -3 m）
   周期は8.0 s（④波の1サイクルが8.0 sで終わる）
   よって，$x = 12$ mにおける y - t グラフは次のようになります。

確認問題 **48** 11-6 に対応

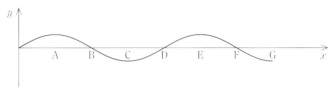

上図は，ある縦波を横波表示したグラフである。最も密な位置と，最も疎な位置を図中の点A～Gの中から答えよ。

 解 説

縦波の $y-x$ グラフは，x 方向への変位を y 方向への変位に変換したものでしたね。そこで，この $y-x$ グラフのA～G点の y 方向への変位を，x 方向への変位に再変換してみましょう（下図）。

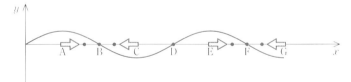

この図を見ると，密と疎の位置は一目瞭然ですね。

密…B，F　疎…D

確認問題 **49** 11-7 に対応

下の (1) 〜 (4) のグラフは，ある波の原点における $y-t$ グラフである。
それぞれの波の原点における媒質の高さ y の時間変化を表す式を答えよ。

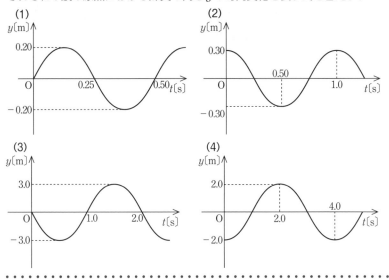

・・・

解説

原点の $y-t$ グラフを与えられ，それを式に変形する問題です。
着目するのは次の3点です。

　①原点の $y-t$ グラフの波の形を確認する。

　　(sin，cos，− sin，− cos の4つのうちどれか？)

　②振幅を求めて A にあてはめる。

　③周期を求めて T にあてはめる。

本冊の p.290 で挙げた $y = A\sin\dfrac{2\pi}{T}t$ は正弦波の基本式ですが，その通りの形にな

らないこともあります。上の①〜③の手順で簡単に求められますよ。

(1)　まずは【①波の形を確認する】です。

　　　原点の $y-t$ グラフを与えられていますので，そのまま形を読み取ると，sin
　　　の形をしています。

　　　ですので，とりあえず $y = A\sin\dfrac{2\pi}{T}t$ としておきましょう。

【②振幅を求めてAにあてはめる】

グラフより振幅は0.20 mですね。Aにあてはめると$y=0.20\sin\dfrac{2\pi}{T}t$となります。

【③周期を求めてTにあてはめる】

グラフより周期は0.50 sですね。Tにあてはめると$y=0.20\sin\dfrac{2\pi}{0.50}t$となるので

$\underline{y=0.20\sin4\pi t}$ 答

（波は2πでひとめぐりしますので，tに周期Tを代入すると2πになります）

(2) まずは【①波の形を確認する】です。

原点のy–tグラフを与えられていますので，そのまま形を読み取ると，cosの形をしています。

ですので，とりあえず$y=A\cos\dfrac{2\pi}{T}t$としておきましょう。

（このように，形によってはsinではないことがありますので注意が必要です）

【②振幅を求めてAにあてはめる】

グラフより振幅は0.30 mですね。Aにあてはめると$y=0.30\cos\dfrac{2\pi}{T}t$となります。

【③周期を求めてTにあてはめる】

グラフより周期は1.0 sですね。Tにあてはめると$y=0.30\cos\dfrac{2\pi}{1.0}t$となるので

$\underline{y=0.30\cos2\pi t}$ 答

(3) まずは【①波の形を確認する】です。

原点のy–tグラフを与えられていますので，そのまま形を読み取ると，$-\sin$の形をしています。

ですので，とりあえず$y=-A\sin\dfrac{2\pi}{T}t$としておきましょう。

【②振幅を求めてAにあてはめる】

グラフより振幅は3.0 mですね。Aにあてはめると$y=-3.0\sin\dfrac{2\pi}{T}t$となります。

【③周期を求めてTにあてはめる】

グラフより周期は2.0 sですね。Tにあてはめると$y=-3.0\sin\dfrac{2\pi}{2.0}t$となるので

$\underline{y=-3.0\sin\pi t}$ 答

(4) まずは【①波の形を確認する】です。

原点の$y-t$グラフを与えられていますので、そのまま形を読み取ると、$-\cos$の形をしています。

ですので、とりあえず$y=-A\cos\dfrac{2\pi}{T}t$としておきましょう。

【②振幅を求めてAにあてはめる】

グラフより振幅は$2.0\,\mathrm{m}$ですね。Aにあてはめると$y=-2.0\cos\dfrac{2\pi}{T}t$となります。

【③周期を求めてTにあてはめる】

グラフより周期は$4.0\,\mathrm{s}$ですね。Tにあてはめると$y=-2.0\cos\dfrac{2\pi}{4.0}t$となるので

$$y=-2.0\cos\dfrac{\pi}{2}t \quad 答$$

確認問題 **50** 11-7 に対応

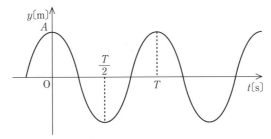

上図は、ある波の$x=0\,\mathrm{m}$における振動である。以下の問いに答えよ。

(1) 時刻t、変位xにおける波の式を周期T、速さvを用いて表せ。

(2) 時刻t、変位xにおける波の式を振動数f、波長λを用いて表せ。T, vは用いないものとする。

 解説

(1) まず、原点$(x=0\,\mathrm{m})$における波の高さyの時間変化を表す式を考えましょう。

与えられたグラフは cos の形をしているので

$$y = A\cos\frac{2\pi}{T}t$$

A, T は文字で与えられているので，原点における波の式はこれで完成です。
続いて位置 x での波の高さ y を表す式を考えます。

波の速さが v より，原点（$x = 0\,\mathrm{m}$）の波は，位置 x では $\dfrac{x}{v}$ 秒後に再現され

るので

$$y = A\cos\frac{2\pi}{T}\left(t - \frac{x}{v}\right) \text{答}$$

$\left(位置 x には t = \dfrac{x}{v}\, のときに，原点の t = 0 の波が届くのでしたね\right)$

(2)　(1)の式を変形していくだけですが，一度は経験しておかないと解けないの
で確認しておきましょう。

T, v は用いてはいけませんが，f, λ は用いていいので

$T = \dfrac{1}{f}$, $v = f\lambda$ とします。

$$y = A\cos\frac{2\pi}{T}\left(t - \frac{x}{v}\right) = A\cos 2\pi f\left(t - \frac{x}{f\lambda}\right)$$

$$\underset{\frac{1}{f}}{\quad} \quad \underset{f\lambda}{\quad}$$

$$= A\cos 2\pi\left(ft - \frac{x}{\lambda}\right) \text{答}$$

(2)の式は覚えるものではありません。$A\sin\dfrac{2\pi}{T}\left(t - \dfrac{x}{v}\right)$ などのよく使う式を，

$T = \dfrac{1}{f}$, $v = f\lambda$ などのおなじみの式を用いて，問題文に合う形にしただけです。

確認問題 **51** 11-7 に対応

右図は，ある波の$t=0$における波形である。この波はx軸に対して正の方向に速さvで進んでいる。周期Tと速さvを用いて，位置xにおける時刻tの波の変位yを表す式を作りなさい。

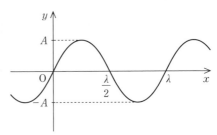

考えかたを確認しながら波の式を立てていきましょう。

①原点における波の高さyを表す式を立てる。

この問題では$x=0$における$y-t$グラフが与えられていません。

したがって，問題の図を見て$x=0$における$y-t$グラフを自分でかかなければなりません。

図の$x=0$にリスを置いて，リスの運動をグラフにすると

$y=-A\sin\dfrac{2\pi}{T}t$となります（右図）。

これが原点におけるyを表す式です。

[原点（$x=0$）における$y-t$グラフ]

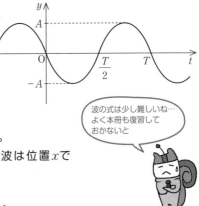

②原点の波が，位置xには$\dfrac{x}{v}$秒後に届くと考えて波の式を完成させる。

波の速さがvより，原点（$x=0$）の波は位置xでは$\dfrac{x}{v}$秒後に再現されるので

$$y=-A\sin\dfrac{2\pi}{T}\left(t-\dfrac{x}{v}\right)$$ 答

波の式は少し難しいね…よく本冊も復習しておかないと

12 波の性質（その2）

確認問題 **52** 12-1，12-2 に対応

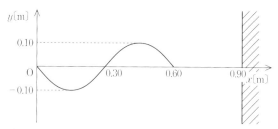

上図は，ある時刻における波の波形を示している。波は速度0.30 m/sで進んでいる。上図から2.0秒後の波の波形をかけ。ただし，壁にぶつかった波は固定端反射されるものとする。

・・

解 説

ステップを踏んで考えていきましょう。

①反射点に置いたスタンプの上に，仮想的な波をかく。

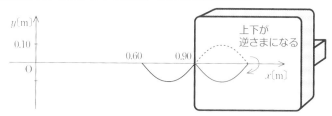

図1 2秒後の波

波は$0.30 \times 2 = 0.60$ m進みますから，図1のように波の一部がスタンプに重なります。

この問題では波は固定端反射するので，スタンプは上下逆さまになってしまうスタンプであることに注意しましょう。

②壁を軸としてパタンとスタンプを押す。

スタンプを押すと，反射波と入射波が重なりました（次ページの図2）。

③入射波と反射波が重なった部分を足し合わせ，合成波をかく。

重ね合わせの原理を使って合成波をかきます。
そうすると，解答は図3のようになります。

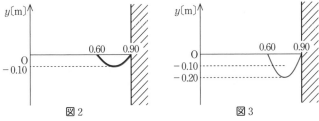

図2　　　　　図3

答

確認問題 **53**　12-3，12-4 に対応

長さ0.40 mの弦を力F〔N〕で引っ張り，この弦を振動数3.0×10^3 Hzで振動させたところ，腹の数が4つの定在波が現れた。F〔N〕の値を求めよ。弦の線密度を$\rho = 5.0 \times 10^{-4}$ kg/mとする。

 解説

力Fで弦を引っ張っているので，弦の張力はFとなります。

弦を伝わる波の速さの式より$v = \sqrt{\dfrac{F}{\rho}}$

また，波の基本式より$v = f\lambda$なので$\sqrt{\dfrac{F}{\rho}} = f\lambda$

よって　$F = f^2\lambda^2\rho$

fとρの値はわかっているので，λを求めればFも求められます。
できた定在波は4倍振動ですから，弦の中におイモ4個が含まれています。

よって　$\dfrac{\lambda}{2} \times 4 = 0.40$より　$\lambda = 0.20$ m

以上より　$F = f^2\lambda^2\rho = (3.0 \times 10^3)^2 \times 0.20^2 \times 5.0 \times 10^{-4}$

$= \underline{1.8 \times 10^2 \text{ N}}$ 答

確認問題 **54**　12-5に対応

右図のように，水位を自由に調節できるガラス管の装置
がある。このガラス管の口のところにスピーカーを設置
し，振動数 f の音を鳴らした。水位を徐々に下げていっ
たところ，水面が管口から14.0 cmのときに大きな音が
出た。これより水面が高いときに大きな音が出ることは
なかった。さらに水面を下げていったところ，水面が
管口から44.0 cmのときに再び大きな音が出た。音速を
336 m/sとして，以下の問いに答えよ。

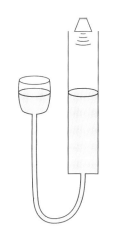

(1) 音波の波長を求めよ。

(2) f の値を求めよ。

(3) 開口端補正を求めよ。

 解説

設定はやや複雑に見えますが，閉管の共鳴の問題で
す。

状況を整理して考えていきましょう。

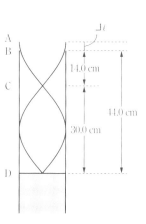

(1) 水面が管口から14.0 cmのときに初めて大きな
　　音が出たということは，このとき基本振動に
　　よる共鳴が起こったということです。

　　そして水面が管口から44.0 cmのときには3倍
　　振動が起こったということです（右図）。

　　区間CDにあるおイモに注目すると，音波の波
　　長 λ は

$$\frac{\lambda}{2} \times 1 = 30.0$$

$$\lambda = \underline{60.0 \text{ cm}} \text{ 答}$$

(2) $f = \dfrac{v}{\lambda}$ より

$$f = \frac{336}{0.60} = \underline{560 \text{ Hz}} \text{ 答}$$

(3) 先ほどの図を見ながら考えましょう。開口端補正を $\Delta\ell$ とすると，区間 AC にはおイモ半個が含まれていることになりますね。

開口端補正を考慮する問題だね

おイモ半個の大きさは $\dfrac{60}{2} \times \dfrac{1}{2} = 15.0$ cm なので，

$15.0 = \Delta\ell + 14.0$ となり，$\Delta\ell$ の値は

$\Delta\ell = \underline{1.00 \text{ cm}}$ 答

 確認問題 55 12-6 に対応

f〔Hz〕のおんさと 500 Hz のおんさを同時に鳴らしたところ，1 秒間に 3 回のうなりが聞こえた。続いて，f〔Hz〕のおんさと 495 Hz のおんさを同時に鳴らしたところ，1 秒間に 2 回のうなりが聞こえた。f の値を求めよ。

解説

f〔Hz〕のおんさと 500 Hz のおんさを同時に鳴らし，1 秒間に 3 回のうなりが聞こえたので

$\quad |f - 500| = 3 \quad \cdots\cdots①$

これを満たす f の値は，503 Hz または 497 Hz ですね。

また，f〔Hz〕のおんさと 495 Hz のおんさを同時に鳴らし，1 秒間に 2 回のうなりが聞こえたので

$\quad |f - 495| = 2 \quad \cdots\cdots②$

これを満たす f の値は，497 Hz または 493 Hz です。

f は①式と②式の両方を満たすので $\quad f = 497 \text{ Hz}$ 答

ドップラー効果

確認問題 **56**　13-1，13-2 に対応

振動数 f の音を発する2つの音源がある。一方の音源は速さ v で静止している観測者に近づき，もう一方の音源は速さ v で静止している観測者から遠ざかる。音速を c として，以下の問いに答えよ。
(1)　観測者が観測する，近づく音源から出た音の振動数を求めよ。
(2)　観測者が観測する，遠ざかる音源から出た音の振動数を求めよ。
(3)　観測者が観測するうなりの振動数を求めよ。

 解 説

(1)　音源が動くパターンのドップラー効果ですから，ドップラー効果の公式の分母をいじる必要があります。音源が「近づく」わけですから，音が高くなるように公式を変形すればよいので

$$\frac{c}{c-v}f \text{ 答}$$

(2)　音源が「遠ざかる」場合は，音が低くなるように公式を変形すればよいので

$$\frac{c}{c+v}f \text{ 答}$$

(3)　観測者は振動数 $\dfrac{c}{c-v}f$ の音と振動数 $\dfrac{c}{c+v}f$ の音を耳にします。これらの音によりうなりが発生していると考えられます。
うなりの式より

$$\left| \frac{c}{c-v}f - \frac{c}{c+v}f \right| = \frac{2cv}{c^2-v^2}f \text{ 答}$$

確認問題 **57** 13-2, 13-3, 13-4, 13-5 に対応

以下の場合において，観測者が観測する音の振動数を求めよ。いずれも音速は340 m/sとする。

(1)   (2)   (3)

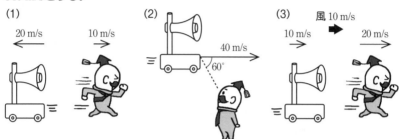

(1) 音源と観測者が同一直線上を移動しており，観測者は音源の右側にいるとする。振動数720 Hzの音を発する音源が左方向に20 m/sで，観測者が右方向に10 m/sで動いている場合。

(2) 振動数640 Hzの音を発し，速さ40 m/sで動く音源が，観測者と角度60°をなして近づいている場合。

(3) 音源と観測者が同一直線上を移動しており，観測者は音源の右側にいるとする。振動数1020 Hzの音を発する音源が右方向に10 m/sで，観測者が右方向に20 m/sで動いており，風が右方向に10 m/sで吹いている場合。

・・・

 解説

(1) ドップラー効果の公式より

$$\frac{340-10}{340+20} \times 720 = \textbf{660 Hz} \ \text{答}$$

(2) 速さ40 m/sの音源が，観測者と60°の角をなして近づくことは，一直線上で速さ40 cos60° m/sで近づくことと同じですから

$$\frac{340}{340 - 40\cos60°} \times 640$$

$$= \textbf{680 Hz} \ \text{答}$$

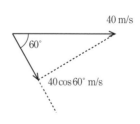

(3) 風が右向きに10 m/sで吹いているので，音速は340 + 10 = 350 m/sとなることに注意してドップラー効果の式を立てれば

$$\frac{350-20}{350-10} \times 1020 = \underline{990 \text{ Hz}}$$ **答**

ドップラー効果にはいろいろなパターンがあるね

14 レンズ

確認問題 58 14-1，14-2，14-3 に対応

レンズに関する以下の問いに答えよ。ただし図中のFはレンズの焦点とする。

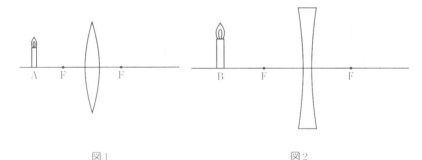

図1

図2

(1) 図1の光源Aが作る像の位置を作図によって求めよ。
(2) 図2の光源Bが作る像の位置を作図によって求めよ。

解説

(1) 凸レンズの代表的な3つの光路をかいて，像の位置を特定すると，図3のようになります。
(2) 凹レンズの代表的な3つの光路をかいて，像の位置を特定すると，図4のようになります。

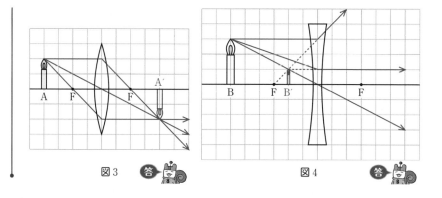

図 3　答　　　　　　　　　　　　　　図 4　答

14-2，14-3，14-4 に対応

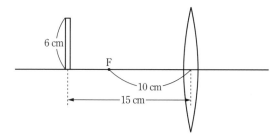

焦点距離10 cmの凸レンズがある。この凸レンズの15 cm前方に長さ6 cmの棒を立てた。以下の問いに答えよ。

(1) 像ができる位置と種類（実像か虚像か）を答えよ。

(2) できた像の長さを求めよ。

(3) 棒をレンズの前方6 cmに移動させた。このときできる像の位置と種類を答えよ。

(4) 棒をもとの位置に戻し，レンズを焦点距離15 cmの凹レンズに取り替えた。このときできる像の位置と種類を答えよ。

 解説

(1) 像がレンズの後方 b [cm] にできるとすると，レンズの公式より

$$\frac{1}{15} + \frac{1}{b} = \frac{1}{10}$$

$$b = 30 \text{ cm}$$

$b > 0$ より，**像はレンズの後方 30 cm のところにでき，実像である。**

(2)　倍率は $\left| \dfrac{30}{15} \right| = 2$ 倍なので，できる像の長さは

$$6 \times 2 = \underline{12 \text{ cm}}$$

(3)　レンズの公式より

$$\frac{1}{6} + \frac{1}{b} = \frac{1}{10}$$

$$b = -15 \text{ cm}$$

$b < 0$ より，**像はレンズの前方 15 cm のところにでき，虚像である。**

(4)　レンズの公式より

$$\frac{1}{15} + \frac{1}{b} = \frac{1}{-15}$$

$$b = -7.5 \text{ cm}$$

$b < 0$ より，**像はレンズの前方 7.5 cm のところにでき，虚像である。**

光の反射と屈折

確認問題 60　15-1，15-3 に対応

以下の文章を読み，空欄を埋めよ。

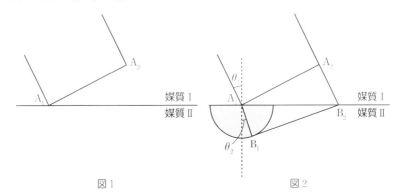

図 1　　　　　　　　　図 2

屈折率n_1の媒質Ⅰと屈折率n_2の媒質Ⅱがあり，その中を真空中での速さがcの光線が進んでいる。図1は媒質Ⅱに入射する直前の光線を拡大した図である。図1の状態からt秒後の波面を考えてみよう。媒質Ⅰ，Ⅱ中の光の速さをそれぞれv_1，v_2とする。図1の状態からt秒後に点A_2からの波が点B_2に届いたとすると，A_2B_2の距離は　(1)　である。点A_1を中心とする素元波に点B_2から引いた接線がt秒後の波面となる。その接点を点B_1とおく(図2)と，A_1B_1の距離は　(2)　である。ここで，A_1B_2の距離をℓとおくと，$\sin\theta_1$，$\sin\theta_2$はそれぞれ$\sin\theta_1=$　(3)　，$\sin\theta_2=$　(4)　と表される。よって$\dfrac{\sin\theta_1}{\sin\theta_2}$の値は　(5)　となる。$v_1$と$v_2$は$n_1$，$n_2$を用いれば，それぞれ$v_1=$　(6)　，$v_2=$　(7)　と表されるので，　(5)　は　(8)　と変形され，これより$n_1\sin\theta_1$ $=n_2\sin\theta_2$という関係式が得られる。

・・

 解説

誘導にしたがって$n_1\sin\theta_1=n_2\sin\theta_2$の関係式を求める問題です。

(1) 媒質Ⅰ中では光は速さv_1で進むので　$\underline{v_1 t}$ 答

(2) 媒質Ⅱ中では光は速さv_2で進むので　$\underline{v_2 t}$ 答

(3), (4) 右図のように，θ_1とθ_2に等しい角を見つけて

$$\sin\theta_1=\frac{A_2B_2}{A_1B_2}=\frac{v_1 t}{\ell}$$ 答

$$\sin\theta_2=\frac{A_1B_1}{A_1B_2}=\frac{v_2 t}{\ell}$$ 答

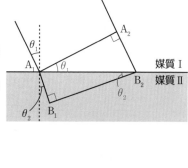

媒質Ⅰ
媒質Ⅱ

(5) (3)より，$\dfrac{\sin\theta_1}{\sin\theta_2}=\dfrac{\dfrac{v_1 t}{\ell}}{\dfrac{v_2 t}{\ell}}$

$$=\underline{\frac{v_1}{v_2}}$$ 答

(6), (7) $c=nv$の関係より，屈折率nの媒質中での光の速さvは$v=\dfrac{c}{n}$と表されるので

$$v_1=\underline{\frac{c}{n_1}}$$ 答

$$v_2 = \frac{c}{n_2}$$

(8) (6), (7) の答えを (5) の答えに代入すると

$$\frac{\sin\theta_1}{\sin\theta_2} = \frac{v_1}{v_2} = \frac{\dfrac{c}{n_1}}{\dfrac{c}{n_2}} = \frac{n_2}{n_1}$$ 答

これを変形すれば、$n_1\sin\theta_1 = n_2\sin\theta_2$ の関係式が得られますね。

確認問題 **61** 15-2, 15-3, 15-4 に対応

右図のように、光線が屈折率 n_1 の媒質 I から屈折率 n_2 の媒質 II に入射し、入射した光の一部は反射されている。媒質 I 中での光の波長を λ_1、入射角を θ_1 として以下の問いに答えよ。

(1) 反射角 $\theta_1{}'$ を求めよ。
(2) $\sin\theta_2$ を求めよ。
(3) 媒質 II 中での光の波長 λ_2 を求めよ。
(4) 入射角を徐々に大きくしていったところ、入射角が θ_c になったときに全反射が起こった。$\sin\theta_c$ を求めよ。

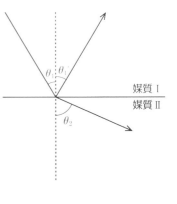

媒質 I
媒質 II

・・・・・・・・・・・・・・・・・・・・・・・・・・・・・・・・・・・・・・

 解 説

(1) 反射の法則より、入射角と反射角は等しいので $\theta_1{}' = \theta_1$ 答

(2) 屈折の法則より

$$n_1\sin\theta_1 = n_2\sin\theta_2$$

$$\sin\theta_2 = \frac{n_1}{n_2}\sin\theta_1$$ 答

(3) 屈折の法則より

$$n_1 \lambda_1 = n_2 \lambda_2$$

$$\lambda_2 = \frac{n_1}{n_2} \lambda_1 \ \text{答}$$

(4) 全反射では屈折角を $90°$ とすればよいので，屈折の法則より

$$n_1 \sin \theta_C = n_2 \sin 90°$$

$$\sin \theta_C = \frac{n_2}{n_1} \ \text{答}$$

確認問題 **62** 15-5 に対応

白色光をプリズムに入射させたところ，スクリーン上に様々な色の光が映し出された。スクリーン上に映し出された光の色の順番について，正しいものを選択肢①〜⑥の中から1つ選べ。順番は図のスクリーンの上から数えた順番とする。

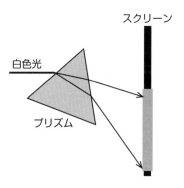

選択肢
①赤→紫→緑　②赤→緑→紫　③紫→赤→緑
④紫→緑→赤　⑤緑→赤→紫　⑥緑→紫→赤

. . . .

解説

光の色による屈折のしやすさは「にんじんは赤くて長くて曲がりにくい」と覚えるのでしたね。
虹色の7色のうち，赤に近づくほど屈折しにくいと考えることができるので，答えは② 答

16 波の干渉

2つの波源S_1，S_2から波長4cmの波が逆位相で発生しており，右図のような点P，点Qで波を観測したとする。
 - (1) 点Pで2つの波は強め合うか，それとも弱め合うか。
 - (2) 点Qで2つの波は強め合うか，それとも弱め合うか。

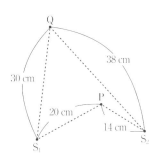

 解説

2つの波は逆位相であるので，干渉条件が同位相のときとは異なることに注意しましょう。

(1) $|S_1P - S_2P| = |20 - 14| = 6 = \left(1 + \dfrac{1}{2}\right) \times \underset{\lambda}{4}$

整数＋半分

　　よって，<u>2つの波は強め合う。</u> 答

> 2つの波が同位相で発生しているのか，逆位相で発生しているのかを確認しないとね

(2) $|S_1Q - S_2Q| = |30 - 38| = 2 \times \underset{\lambda}{4}$

整数

　　よって，<u>2つの波は弱め合う。</u> 答

確認問題 **64** 16-3 に対応

以下の文章を読んで，空欄を埋めよ。

右図はヤングの実験の模式図である。S_1とS_2の間隔をd，スリットとスクリーンの距離をℓ，スクリーン中央から点Pまでの距離をxとして，スリットS_1，S_2から出た光が点Pで強め合う条件を考えてみよう。まず，経路差を求めるためにS_1PとS_2Pの距離をそれぞれ求めると

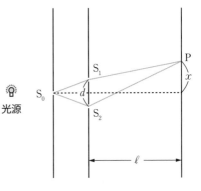

$$S_1P = \sqrt{\ell^2 + \boxed{(1)}}$$
$$= \ell\{1 + \boxed{(2)}\}^{\frac{1}{2}}$$
$$S_2P = \sqrt{\ell^2 + \boxed{(3)}}$$
$$= \ell\{1 + \boxed{(4)}\}^{\frac{1}{2}}$$

となる。

ここで，$\alpha \ll 1$のときに使える近似式「$(1+\alpha)^n \fallingdotseq 1 + n\alpha$」を用いると，$\boxed{(2)} \ll 1$，$\boxed{(4)} \ll 1$であるので，$S_1P \fallingdotseq \boxed{(5)}$，$S_2P \fallingdotseq \boxed{(6)}$のように近似できる。よって経路差は$|S_1P - S_2P| \fallingdotseq \boxed{(7)}$となり，スリット$S_1$，$S_2$から出た光が点Pで強め合い，スクリーン中央から数えてm番目の明線を作る条件は$\boxed{(7)} = \boxed{(8)}$となる。これより，スクリーン中央から$m$番目の明線の位置$x$は$x = \boxed{(9)}$，隣り合う明線の間隔$\Delta x$は$\Delta x = \boxed{(10)}$であることもわかる。

• •

 解説

本冊p.400〜405で学んだことを，この問題で確認しましょう。

(1) $\left(x - \dfrac{d}{2}\right)^2$　　(2) $\dfrac{\left(x - \dfrac{d}{2}\right)^2}{\ell^2}$　　(3) $\left(x + \dfrac{d}{2}\right)^2$

(4) $\dfrac{\left(x+\dfrac{d}{2}\right)^2}{\ell^2}$　(5) $\ell\left\{1+\dfrac{1}{2}\cdot\dfrac{\left(x-\dfrac{d}{2}\right)^2}{\ell^2}\right\}$　(6) $\ell\left\{1+\dfrac{1}{2}\cdot\dfrac{\left(x+\dfrac{d}{2}\right)^2}{\ell^2}\right\}$

(7) $\dfrac{xd}{\ell}$　(8) $\underline{m\lambda}$　(9) $\dfrac{\ell\lambda}{d}\cdot m$

(10) $\dfrac{\ell\lambda}{d}$ 答

近似式を使うのかミソじゃ
自分の力で導けるようにす
るんじゃぞ

確認問題 **65**　16-4 に対応

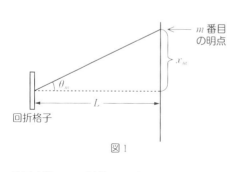

m番目
の明点

x_m

θ_m

L

回折格子

図1

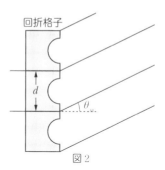

回折格子

d

θ_m

図2

格子定数dの回折格子に波長λの光を入射させたところ，スクリーン上に明るい点が映し出された。回折格子とスクリーンの距離をL，スクリーン中央から測ったm番目の明点までの距離をx_m，m番目の明点に向かって光が進む角度をθ_mとして，以下の問いに答えよ。ただし，$m=0,\ 1,\ 2,\ \cdots\cdots$とする。

(1)　x_mをLとθ_mで表せ。

(2)　m番目の明点ができる条件を求めよ。

(3)　θ_mが非常に小さいため，近似式$\tan\theta_m \fallingdotseq \sin\theta_m$が成り立つ。このとき，$x_m$を$m$，$\lambda$，$d$，$L$で表せ。

(4)　隣り合う明点の間隔を求めよ。

(1) 図1より $x_m = L\tan\theta_m$ 答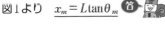

(2) 右図より隣り合う光の経路差は $d\sin\theta_m$
よって，m番目の明点ができる条件は
$$d\sin\theta_m = m\lambda$$ 答
この式は頻出ですので，覚えておいたほうがよいでしょう。

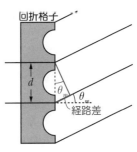

回折格子

経路差

(3) $\tan\theta_m \fallingdotseq \sin\theta_m$ より，$x_m = L\tan\theta_m \fallingdotseq L\sin\theta_m$ と表せますね。

さらに，(2)で求めた強め合いの式より，$\sin\theta_m = \dfrac{m\lambda}{d}$ ですので，これを代入すれば
$$x_m = \frac{L\lambda}{d}m$$ 答

(4) $\Delta x = x_{m+1} - x_m = \dfrac{L\lambda}{d}(m+1) - \dfrac{L\lambda}{d}m = \dfrac{L\lambda}{d}$ 答

確認問題 66 16-5，16-6 に対応

右図のように屈折率nの油膜に波長λの白色光が入射角θ_1で入射している。油膜の下には水があり，水の屈折率は油よりも小さい。屈折角をθ_2，油膜の厚さをdとして，以下の問いに答えよ。

(1) A→B→C→D→E の経路で進む光Ⅰを考える。この光はF→G→D→E の経路で進む光Ⅱに比べて，経路H→C→Dだけ余分に進んでいる。この余分に進む距離（光学距離）をd，n，θ_2で表せ。

F Ⅱ
A Ⅰ
E
G
θ_1
B D
θ_2 H
d
C
油
水

(2) 光 I, II が強め合う条件を求めよ。必要なら $m = 0, 1, 2, \cdots\cdots$ として, m を用いて表せ。

(3) 油膜の下に油よりも屈折率が大きい媒質があった場合の強め合いの条件を求めよ。

解説

(1) 右図のように, 油と水の境目を軸として, D点に対称な点D′をかくと, 経路H→C→DとHD′は等しい距離であることがわかります。

錯角の関係から, $\angle \mathrm{HD'D} = \theta_2$ ですから, HD′の距離は $2d\cos\theta_2$ で, これを光学距離に直すと $2nd\cos\theta_2$ **答**

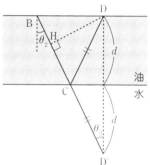

(2) 光 I は「油→水」という屈折率が大きい媒質から小さい媒質に入射するパターンの反射をしています。

それに対し光 II は「空気→油」という屈折率が小さい媒質から大きい媒質に入射するパターンの反射をしますから, 波が半分ずれてしまいます。よって, 2つの光が強め合うには「経路H→C→Dの中に, 整数個＋半波長分の波がある」ことが必要ですね。

よって, 求める条件は $2nd\cos\theta_2 = \left(m + \dfrac{1}{2}\right)\lambda$ **答**

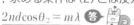

(3) この場合, 光 I, II ともに屈折率が小さい媒質から大きい媒質に入射するパターンの反射をします。

よって, 求める条件は (2) とは反対の条件になります。

$2nd\cos\theta_2 = m\lambda$ **答**

反射による
波のずれを忘れると
悲惨なことに…

確認問題 **67** 16-7 に対応

板ガラスの上に曲率半径Rの平凸レンズを
置いた。レンズの中央からrだけ離れた場所
に波長λの光が入射する。板ガラスとレン
ズの間の距離をdとして、以下の問いに答え
よ。

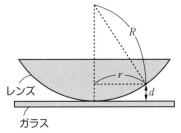

(1) dをRとrを用いて表せ。ただし、
dはRやrに比べ十分小さいとす
る。

(2) 光が強め合う条件をR, r, m, λで表せ。ただし、$m = 0, 1, 2, \cdots\cdots$
とする。

(3) 中心から2番目の明るい縞は、レンズの中央から何 cm の位置にできる
か。ただし、$\lambda = 600\,\mathrm{nm}$, $R = 40\,\mathrm{cm}$とする。

 解説

(1) 本冊 p.414 でやったように、三平方の定理より
$$R^2 = (R-d)^2 + r^2$$
という関係が成り立ちます。d^2は無視すれば
$$d = \frac{r^2}{2R} \quad 答$$

(2) 強め合う条件は、経路差の中に整数個＋半波長分の波が入っていればよい
ので
$$2d = \left(m + \frac{1}{2}\right)\lambda$$
これに (1) の答えを代入すれば
$$\frac{r^2}{R} = \left(m + \frac{1}{2}\right)\lambda \quad 答$$

(3) 「中心から2番目だから$m=2$だ！」としてはいけませんよ。$m=0$を代入して，経路の差が$\frac{1}{2}\lambda$のときがいちばん中央に近い明るい縞の位置ですから，$m=1$を代入するのが正解です。

（レンズの中央は暗線になります）

$1\,\mathrm{nm}$が$1\times10^{-7}\,\mathrm{cm}$であることに注意すると

$$r^2 = R \times \left(1 + \frac{1}{2}\right)\lambda = 40 \times \frac{3}{2} \times 600 \times 10^{-7} = 36 \times 10^{-4}$$

$$\underline{r = 6.0 \times 10^{-2}\,\mathrm{cm}}\ 答$$

確認問題 68　16-8 に対応

2枚のガラス板を左端だけ接触させ，右端をわずかに角度θだけ傾ける。このガラス板の真上から波長λの光を入射させたところ，明線と暗線が交互に現れた。以下の問いに答えよ。ただし，θは十分小さいものとする。

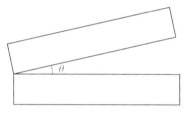

(1) 左端から距離xの位置に入射した光が強め合う条件を，m，x，λ，θを用いて表せ。ただし，$m=0$，1，2，……とする。

(2) 隣り合う明線の間隔を求めよ。

(3) 様々な色の光を入射させた。このとき，光の色と明線の間隔にはどのような関係があるか，以下の選択肢から選べ。

①光が赤色に近づくほど間隔が広くなる。

②光が赤色に近づくほど間隔が狭くなる。

③光の色によらず，明線の間隔は一定であった。

・・

 解説

(1) 本冊p.416でやった通り，θが十分小さいときのくさび形干渉での光の強め合う条件は

$$2x\theta = \left(m + \frac{1}{2}\right)\lambda\ 答$$

(2) (1) より $x = \dfrac{\left(m + \frac{1}{2}\right)\lambda}{2\theta}$ なので，明線の間隔は

$$\Delta x = \frac{\left(m + 1 + \frac{1}{2}\right)\lambda}{2\theta} - \frac{\left(m + \frac{1}{2}\right)\lambda}{2\theta} = \underline{\frac{\lambda}{2\theta}} \text{ 答}$$

(3) $\Delta x = \dfrac{\lambda}{2\theta}$ の式を見ると，光の波長 λ が大きくなるほど Δx も大きくなること

がわかりますね。

ということは，波長が大きい赤い光に近づくほど，明線の間隔は広くなる

ということになります。

よって，正しい選択肢は①　答